Fundamentação pedagógica e instrumentação para o ensino de

CIÊNCIAS E BIOLOGIA

Elaine Ferreira Machado

EDITORA intersaberes

Conselho editorial
- Dr. Ivo José Both (presidente)
- Drª. Elena Godoy
- Dr. Neri dos Santos
- Dr. Ulf Gregor Baranow

Editora-chefe
- Lindsay Azambuja

Gerente editorial
- Ariadne Nunes Wenger

Preparação de originais
- Tiago Krelling Marinaska

Edição de texto
- Fábia Mariela de Biasi
- Guilherme C. M. Pereira
- Monique Francis Fagundes Gonçalves

Capa
- Iná Trigo (*design*)
- Sukpaiboonwat/Shutterstock (imagem)

Projeto gráfico
- Iná Trigo

Equipe de *design*
- Iná Trigo
- Sílvio Gabriel Spannenberg

Iconografia
- Sandra Lopis da Silveira
- Regina Claudia Cruz Prestes

EDITORA intersaberes

Rua Clara Vendramin, 58 | Mossunguê
CEP 81200-170 | Curitiba | PR | Brasil
Fone: (41) 2106-4170
www.intersaberes.com
editora@editoraintersaberes.com.br

1ª edição, 2020.
Foi feito o depósito legal.
Informamos que é de inteira responsabilidade da autora a emissão de conceitos.
Nenhuma parte desta publicação poderá ser reproduzida por qualquer meio ou forma sem a prévia autorização da Editora InterSaberes.
A violação dos direitos autorais é crime estabelecido na Lei n. 9.610/1998 e punido pelo art. 184 do Código Penal.

Dados Internacionais de Catalogação na Publicação (CIP)
(Câmara Brasileira do Livro, SP, Brasil)

Machado, Elaine Ferreira
  Fundamentação pedagógica e instrumentação para o ensino de ciências e biologia/Elaine Ferreira Machado. Curitiba: InterSaberes, 2020. (Série Biologia na Educação)

  Bibliografia.
  ISBN 978-65-5517-576-9

  1. Aprendizagem 2. Biologia – Estudo e ensino 3. Ciências – Estudo e ensino 4. Ciências biológicas 5. Ciências biológicas – Estudo e ensino – Metodologia 6. Prática de ensino 7. Sala de aula – Direção 8. Tecnologia digital I. Título. II. Série.

20-35155   CDD-570

Índices para catálogo sistemático:
1. Ciências biológicas: Estudo e ensino: Prática de ensino   570

Cibele Maria Dias – Bibliotecária – CRB-8/9427

SUMÁRIO

6 Dedicatória
7 Epígrafe
8 Prefácio
9 Princípio da vida
12 Como aproveitar ao máximo este organismo
17 Anatomia da obra

capítulo 1
20 O ensino de Ciências e Biologia no Brasil e suas tendências pedagógicas
22 1.1 História do ensino de Ciências e Biologia no Brasil: características e formação docente
32 1.2 Quadro geral das tendências pedagógicas no ensino de Ciências e Biologia
34 1.3 Comportamentalismo e cognitivismo
38 1.4 Teorias socioculturais e construtivistas de ensino-aprendizagem
47 1.5 Teorias de Paulo Freire e de David Ausubel no ensino de Ciências e Biologia

capítulo 2
60 Metodologia no ensino de Biologia
62 2.1 Principais metodologias no ensino de Biologia
69 2.4 Construção de mapas mentais e de mapas conceituais
77 2.5 Experimentação

capítulo 3
89 Estratégias e recursos para o ensino de Biologia
- 91   3.1 Aulas expositivas e debates
- 99   3.2 Demonstrações, simulações e aulas práticas
- 107   3.3 Saídas de campo e projetos de iniciação científica na escola básica
- 116   3.4 Estratégia da metodologia ABP no ensino de Biologia
- 118   3.5 Construção de uma estratégia ou de um recurso para a aula de Ciências e Biologia

Capítulo 4
132 Complexidade dos saberes no ensino de Biologia
- 134   4.1 O pensamento complexo/sistêmico de Edgar Morin no ensino de Biologia
- 139   4.2 Planejamento sistêmico nas aulas de Biologia
- 143   4.3 Arte como eixo integrador dos conhecimentos biológicos, físicos e químicos
- 150   4.4 Modelagem molecular no ensino de biologia: integrando conhecimentos biológicos, físicos e químicos
- 153   4.5 Planejamento com base no pensamento sistêmico e na arte como eixo integrador

capítulo 5
166 tecnologias digitais no ensino de biologia
- 168   5.1 Fundamentos das tecnologias digitais no ensino de Biologia
- 172   5.2 Aplicativos para o ensino de Biologia

177 5.3 Autoria de vídeos no ensino de Biologia
181 5.4 Redes sociais no ensino de Biologia
188 5.5 Construção de práticas de ensino de Biologia mediadas por tecnologias digitais

capítulo 6
203 Avaliação no ensino de Biologia
205 6.1 Avaliação no ensino-aprendizagem de Biologia
211 6.2 Análise de provas de Biologia dos exames nacionais e vestibulares
220 6.3 Planejamento de avaliações no ensino de Biologia: tipos de questões e atividades práticas
224 6.4 Materiais disponíveis para o ensino de Biologia: do livro didático à autoria dos professores
233 6.5 Produção de uma sequência didática para o ensino de Biologia

246 Diagnóstico
248 Acervo genético
262 *Bibliotheca Botanica*
265 Resultados das análises
272 Sobre a autora

❝ DEDICATÓRIA

Dedico esta obra aos meus professores da educação básica que contribuíram para meu encantamento com a docência em Ciências e Biologia: Prof. Angelo Antonio Cequinel, Prof.ª Cláudia Rita Torres Galarda, Prof.ª Rosane Braga e Prof.ª Jucélia Zampier.

EPÍGRAFE

"A primeira condição para modificar a realidade consiste em conhecê-la." (Eduardo Galeano)

‘ PREFÁCIO

Educação para a Ciência. Esse é o limiar da formação dos professores de Ciências e Biologia que atuarão na educação básica em nosso país.

Nesta obra, a autora discorre sobre diversas formas de ensinar, aprender e fazer ciência mediante estudos teóricos e práticos. Os conteúdos abordados apresentam a amplitude do ensino das Ciências Biológicas de forma didática e objetiva.

Ao ensinar Ciências Biológicas, há uma grande necessidade de apresentar formas alternativas e funcionais de ensino e pesquisa. Além disso, é preciso atentar para a instrumentação dos profissionais, que a cada dia deparam-se com mais opções de formas e conteúdos, abrangendo um leque imenso de possibilidades de estudo, desde as formas tradicionais, a exemplo da instrumentação básica com equipamentos já bastante utilizados, como o microscópio, até os novos meios, incluindo as tecnologias virtuais.

A autora apresenta com dinamismo e clareza os conhecimentos básicos necessários para que o licenciado em Ciências Biológicas compreenda os elementos das Diretrizes Curriculares Nacionais e da Base Nacional Comum Curricular e, portanto, consiga elaborar e desenvolver esses vastos conteúdos de ensino-aprendizagem em suas aulas e em seus estudos.

Esta obra agrega conhecimentos aos professores de Ciências e Biologia, ao mundo acadêmico e aos estudantes de todas as etapas do processo de aprendizagem.

Uma excelente leitura e bons estudos a todos.

Thaisa Maria Nadal
Professora do Grupo Educacional Uninter

PRINCÍPIO DA VIDA

Esta obra foi planejada segundo os conhecimentos básicos necessários ao licenciado em **Ciências Biológicas** elencados tanto nas **Diretrizes Curriculares Nacionais de Ciências Biológicas** quanto no **Exame Nacional de Desempenho dos Estudantes (Enade)** – realizado nos anos de 2011, 2014 e 2017 –, textos oficiais que sugerem **fundamentação teórico-metodológica** e **instrumentação** para os profissionais da área de ensino de Biologia.

Por *fundamentação teórico-metodológica* referimo-nos às **teorias** e aos **princípios educacionais** estabelecidos para o ensino de Biologia em nosso país, fruto de **políticas públicas ou privadas**, que permearam a educação científica dos estudantes e, ainda hoje, fazem parte da **atuação dos docentes na escola básica**. Portanto, conhecer as teorias da educação, pregressas ou atuais, aplicadas ao cotidiano da escola contribui para alicerçar a **prática reflexiva dos futuros professores**, ou seja, para sua instrumentação. Como *instrumento*, conceitualmente, diz respeito aos objetos que auxiliam a realizar um trabalho, essa ação visa propiciar subsídios, não apenas **materiais**, mas também **didático-pedagógicos** que viabilizem momentos significativos de ensino-aprendizagem nas escolas de nosso país.

Eis o motivo de o título desta obra ser *Fundamentação pedagógica e instrumentação para o ensino de Ciências e Biologia*: nosso objetivo é que você tenha uma **base teórica e metodológica** para atuar na **prática docente com reflexividade** e estar apto a **organizar sua atuação** na educação básica.

Sob esse enfoque, veja, a seguir, como o livro está organizado.

No Capítulo 1, apresentamos um panorama geral da **história do ensino de Ciências e Biologia** no Brasil e as principais tendências pedagógicas que estiveram ou estão presentes nas salas de aula do país, reflexo da formação inicial e/ou continuada dos professores.

No Capítulo 2, abordamos as **principais metodologias** para um ensino **ativo**, **crítico** e com **perspectivas de apropriação** dos conteúdos científicos para a formação do cidadão alfabetizado cientificamente. Essas abordagens, aplicadas a pesquisas de ensino que deram subsídios a esta obra, trouxeram bons resultados para o que se pretende, hoje, na escola básica.

No Capítulo 3, descrevemos e exemplificamos **estratégias e recursos** direcionados ao ensino de Ciências e Biologia, de modo a tornar desafiador o **ensino-aprendizagem** dessas disciplinas, com **aulas problematizadoras** e que conduzam à **investigação da realidade do estudante**.

No Capítulo 4, propomos uma reflexão sobre a necessidade de **integração dos saberes** na escola básica atual por meio da organização de **planejamentos multidisciplinares**, **interdisciplinares** e **transdicplinares** destinados ao ensino do conhecimento científico. Em outras palavras, apresentamos diversas ideias de planejamento sistêmico com o intuito de aproximar e religar as "humanidades" e as "ciências".

Destacamos, no Capítulo 5, as **potencialidades das tecnologias digitais** como mediadoras de situações de ensino-aprendizagem. Explicamos, com diversas possibilidades de mediação tecnológica e exemplos, como explorar com os estudantes os **recursos tecnológicos** para a aprendizagem e para o ativismo sociocientífico.

Por fim, no Capítulo 6, tratamos de uma **fundamentação teórico-metodológica** direcionada à **avaliação**, desde a análise de materiais já disponíveis para os professores, como o **livro didático**, até as **avaliações formais de exames** e a **elaboração de materiais** de autoria própria dos docentes contemplando sua realidade de atuação.

Assim, nosso objetivo é a **formação de professores do século XXI**: conhecedores das **tendências pedagógicas** que alicerçaram o ensino de Biologia, com capacidade para refletir sobre as novas **abordagens pedagógicas** e sobre maneiras de introduzi-las com êxito em sala de aula, mediando **atividades experimentais, mapas conceituais e mentais, debates, simulações, saídas de campo, metodologias diferenciadas, iniciação científica, tecnologias educacionais**, enfim, fundamentos e métodos imersos em um **pensamento complexo e integrador**, cujas avaliações, oficiais ou não, demonstrem que o ensino de Biologia tem grande valor quando o estudante aprende **como se faz ciência** e, para além disso, a **fazer ciência**.

COMO APROVEITAR AO MÁXIMO ESTE ORGANISMO

Empregamos nesta obra recursos que visam enriquecer seu aprendizado, facilitar a compreensão dos conteúdos e tornar a leitura mais dinâmica. Conheça a seguir cada uma dessas ferramentas e saiba como elas estão distribuídas no decorrer deste livro para bem aproveitá-las.

Seção "Estrutura da matéria"

Logo na abertura do capítulo, informamos os temas de estudo e os objetivos de aprendizagem que serão nele abrangidos, fazendo considerações preliminares sobre as temáticas em foco.

> **Seção "Vitaminas essenciais"**
>
> Algumas das informações centrais para a compreensão da obra aparecem nesta seção. Aproveite para refletir sobre os conteúdos apresentados.

> **Seção "Sinapse"**
>
> Apresentamos informações complementares a respeito do assunto que está sendo tratado.

❛ Seção "Prescrições da autora"

Para ampliar seu repertório, indicamos conteúdos de diferentes naturezas que ensejam a reflexão sobre os assuntos estudados e contribuem para seu processo de aprendizagem.

❛ Seção "Síntese proteica"

Ao final de cada capítulo, relacionamos as principais informações nele abordadas a fim de que você avalie as conclusões a que chegou, confirmando-as ou redefinindo-as.

Rede neural

1. Analise as afirmativas a seguir e indique V para as verdadeiras e F para as falsas. Depois, assinale a alternativa que apresenta a sequência correta:
   ( ) Ensinar Biologia é uma atividade simples e independe da tendência pedagógica adotada.
   ( ) O ensino de Biologia no Brasil passou por muitas transformações graças às Leis de Diretrizes e Bases da Educação e às alterações pelas quais passaram.
   ( ) O ensino de Biologia requer uma boa formação por parte do professor, de modo que o educador reconheça as diferentes tendências pedagógicas que podem surgir em sala de aula.
   ( ) Todos devem aprender ciência como parte de sua formação cidadã, que possibilite a atuação social, responsável e com discernimento diante de um mundo cada dia mais complexo.
   ( ) O ensino de Biologia deve levar em conta somente a tendência pedagógica escolhida no projeto político-pedagógico.
   A) F, V, V, V, F.
   B) F, F, F, F, V.
   C) V, V, V, V, V.
   D) F, V, F, V, F.
   E) V, V, V, V, F.

◆ **Seção "Rede neural"**

Apresentamos estas questões objetivas para que você verifique o grau de assimilação dos conceitos examinados, motivando-se a progredir em seus estudos.

Biologia da mente

Análise biológica

1. Relacione o ensino de Biologia no Brasil, em diferentes momentos históricos, às tendências pedagógicas predominantes em cada um deles (behavioristas, cognitivistas, humanistas etc.).
2. Há documentos específicos para o ensino de Biologia fundamentados nos documentos do Ministério da Educação relacionados ao seu estado? Como esse documento está estruturado?
3. Reflita sobre como foi seu ensino-aprendizagem especialmente nas disciplinas de Ciências e Biologia. Em seguida, descreva e explique em qual(is) tendência(s) pedagógica(s) elas se apoiavam.
4. Pesquise artigos sobre a história do ensino de Biologia no Brasil e trace uma linha do tempo com as principais características de cada período histórico.
5. Verifique em escolas próximas à sua residência qual(is) tendência(s) pedagógica(s) está(ão) mais presente(s) nos respectivos projetos político-pedagógicos e disserte sobre as possibilidades de modificações quando necessário.

No laboratório

1. Assista ao filme *O menino que descobriu o vento*, indicado na seção "Prescrições da autora" deste capítulo. Em seguida, disserte sobre a importância do conhecimento científico na transformação de uma comunidade.

◆ **Seção "Biologia da mente"**

Aqui apresentamos questões que aproximam conhecimentos teóricos e práticos a fim de que você analise criticamente determinado assunto.

Seção "Bibliotheca botanica"

Nesta seção, comentamos algumas obras de referência para o estudo dos temas examinados ao longo do livro.

> ### BIBLIOTHECA BOTANICA
>
> ARMSTRONG, D. L. de P.; BARBOZA, L. M. V. **Metodologia do ensino de ciências biológicas e da natureza**. Curitiba: InterSaberes, 2012.
> Os autores apresentam metodologias para o ensino das ciências da natureza, enfatizando os conceitos biológicos. O livro traz uma abordagem teórica e metodológica de construção do conhecimento, aliando os recursos didáticos necessários a essa concepção construtivista.
>
> CARVALHO, A. de; OLIVEIRA, C. de; SCARPA, D. **Ensino de ciências por investigação**: condições para implementação em sala de aula. São Paulo: Cengage Learning, 2013.
> Carvalho, Oliveira e Scarpa traçam os objetivos do ensino de Ciências por investigação, bem como apresentam pesquisas na área sobre o ensino-aprendizagem dessa disciplina em abordagens investigativas. Os autores trazem exemplos de situações reais de sala de aula, possibilitando, dessa maneira, que professores ampliem suas estratégias didáticas, assim como compreendam e aproveitem, de forma efetiva, essa abordagem investigativa.
>
> DELIZOICOV, D.; ANGOTTI, J. A.; PERNAMBUCO, M. M. **Ensino de ciências**: fundamentos e métodos. São Paulo: Cortez, 2009.
> Os autores apresentam um breve histórico do ensino de Ciências no Brasil, bem como os desafios para essa prática na atualidade. Para superar desafios – como o senso comum pedagógico, a necessidade de estender a ciência para todos,

ANATOMIA DA OBRA

Este livro é uma coletânea de fundamentos teóricos e práticos que alicerçaram minhas experiências acadêmicas e profissionais como docente. Atuo há mais de duas décadas como professora da educação básica das disciplinas de Ciências e Biologia em escolas da rede pública e particular, bem como realizo trabalhos de pesquisa na área de ensino de Ciências e Biologia. Nesse trajeto, muitas foram as aprendizagens como estudante nos ensinos fundamental, médio e superior, além das teorias da educação e das metodologias que me foram apresentadas e permearam a minha formação. Todas elas, de uma maneira ou de outra, foram parte do meu dia a dia na sala de aula e me permitiram propor situações de aprendizagem significativas para os estudantes para os quais lecionei.

Nesse sentido, compartilho aqui as experiências fundamentadas em autores que propõem um ensino de Ciências e Biologia voltado para a alfabetização científica de nossos estudantes, possibilitando tomadas de decisões sobre a saúde, o meio ambiente e o desenvolvimento tecnocientífico da sociedade, como propõe Hodson (1998).

No entanto, para que isso seja possível na escola básica – ensino fundamental, ensino médio e cursos profissionalizantes de nível médio, de acordo com a atual LDBEN n. 9.394/1996 –, é necessária uma sólida e consistente formação dos professores que lecionarão as disciplinas tratadas nesta obra.

Por esse motivo, a fundamentação e a instrumentação para o ensino de Biologia deve partir do princípio de que os graduandos dessa área do conhecimento precisam conhecer a história de seu ensino no Brasil, para situar historicamente tanto as teorias quanto as metodologias que permeiam essa atividade, bem como as abordagens pedagógicas que fundamentam a prática de sala de aula. Também é importante elencar os principais métodos e assinalar como eles desencadeiam trabalhos interessantes de ensino e pesquisa.

Além da fundamentação das teorias de aprendizagem e das metodologias de ensino de Biologia, o livro apresenta atividades práticas, como debates, simulações, saídas de campo, resolução de problemas e mapas conceituais para instigar o estudante de Ciências e Biologia a desenvolver aulas dinâmicas e contextualizadas em suas atividades de docência.

Considerando que vivemos, de acordo com Morin (2013), em um mundo complexo, integrar as disciplinas é demanda imprescindível para a interdisciplinaridade, a multidisciplinaridade e a transdisciplinaridade na escola. Esses fundamentos contribuem para uma educação de perspectiva mais sistêmica na escola básica. Nesse cenário, experiências docentes envolvendo a arte como esse eixo global e integrador serão discutidas na obra como elemento de reflexão para futuras práticas inovadoras de ensino-aprendizagem.

Atualmente, as chamadas *tecnologias digitais de informação e comunicação* (TDIC) são elementos essenciais às nossas atividades diárias. Integrá-las ao ensino de Biologia potencializa e dinamiza o aprendizado por meio de *sites*, redes sociais, aplicativos, jogos, vídeos, fotos e tantos outros recursos disponíveis.

Esses dois últimos temas – o pensamento sistêmico e as TDIC – são recorrentes em minhas aulas e pesquisas. Por isso, com os bons resultados obtidos, considero que compartilhar essas experiências enriquecerão a prática docente e o aprendizado dos estudantes, futuros professores.

Diante de teorias, metodologias, atividades práticas, integração de saberes e tecnologias digitais, não podemos esquecer um processo importante na educação: a avaliação. Ela ocorre desde a escolha dos materiais didáticos pelo(a) professor(a) até o diagnóstico do ensino-aprendizagem na sala de aula e, por isso, fundamentá-la para uma prática formativa na escola é sempre muito importante.

Assim, a obra tem o intuito de instrumentalizar o docente de Biologia para uma prática embasada na teoria e, acima de tudo, reflexiva. Espero que estas contribuições à sua formação estendam-se para o espaço de maior aprendizado de nossa profissão: a sala de aula. Sempre gosto de frisar, tal como afirmava Paulo Freire (1991, p. 58) em sua obra: "Ninguém começa a ser educador numa certa terça-feira às quatro da tarde. Ninguém nasce educador ou marcado para ser educador. A gente se faz educador, a gente se forma, como educador, permanentemente, na prática e na reflexão sobre a prática". Espero que essa aliança seja possível, assim como consegui efetivá-la no decorrer de minha prática de professora de Biologia e Ciências, com uma motivação que me instiga até hoje a buscar novas ideias relevantes para a sala de aula.

Desejo a você uma ótima leitura e, acima de tudo, uma prática docente de alfabetização científica de nossas crianças e de nossos jovens da escola básica que possibilite a eles o encanto com a ciência, de modo que a considerem fundamental para o exercício da cidadania e para a qualidade de vida.

CAPÍTULO 1

O ENSINO DE CIÊNCIAS E BIOLOGIA NO BRASIL E SUAS TENDÊNCIAS PEDAGÓGICAS,

Estrutura da matéria

Para você, interessado em Biologia ou em sua docência, concebemos este capítulo com o objetivo de traçar historicamente as diretrizes e as tendências que orientaram e orientam o ensino dessa disciplina em nosso país. A compreensão dos motivos de sua introdução como disciplina curricular é fundamental para os professores da área contextualizarem os diferentes enfoques pedagógicos e metodológicos que guiaram e guiam o ensino-aprendizagem dos conhecimentos científicos na escola.

Dessa forma, os objetivos do ensino de Biologia, em diferentes períodos históricos da escola básica, estão alicerçados nas situações sociais, econômicas, políticas e legais de nosso país. Considerando esse amplo contexto, as leis educacionais – Leis de Diretrizes e Bases – orientaram em grande parte a tendência teórico-metodológica do ensino de Biologia, bem como a formação dos docentes desse campo do conhecimento.

Vitaminas essenciais

Nosso objetivo principal neste capítulo é apresentar uma visão geral do ensino de Ciências e Biologia no Brasil, apontando suas principais tendências pedagógicas e as mudanças históricas nessa atividade e na formação docente no país, além de demonstrar a influência do comportamentalismo e do cognitivismo como teorias de aprendizagem que foram e são amplamente utilizadas nas aulas. Em seguida, abordamos as teorias socioculturais e construtivistas aplicadas ao processo de ensino-aprendizagem para identificar produções em ensino de Ciências e Biologia com fundamentação teórica de Paulo Freire e de David Ausubel, destacando a importância dessas teorias para o aprendizado em nossa área.

Após a leitura deste capítulo, você estará apto a realizar uma reflexão sobre a formação em Ciências e Biologia e, com isso, conseguirá identificar as principais tendências pedagógicas que fazem parte de sua própria instrução. Se for um futuro docente da disciplina, poderá, também, pensar nos fundamentos teórico-metodológicos em que suas aulas e seus projetos de ensino serão alicerçados.

1.1 História do ensino de Ciências e Biologia no Brasil: características e formação docente

A história do ensino de Biologia no Brasil caracteriza-se por um processo de contínua e permanente construção desde que a educação passou a fazer parte das políticas públicas do Estado – a partir da década de 1960, com a Lei n. 4.024, de 20 de dezembro de 1961 (Lei de Diretrizes e Bases – LDB, Brasil, 1961) –, mesmo que de forma precária e restrita a pequenas parcelas da população.

💊 Vitaminas essenciais

Podemos afirmar que a educação formal destinada à ciência nas escolas tem aproximadamente 50 anos em nosso país e, portanto, é muito recente. Somente com a Lei de Diretrizes e Bases da Educação Nacional (LDBEN) – Lei n. 9.394, de 20 de dezembro de 1996 (Brasil, 1996) –, tanto o ensino de Ciências e Biologia na escola básica quanto a formação de seus professores tiveram suas concepções atualizadas e, posteriormente, complementadas por outros elementos norteadores, como as Diretrizes Curriculares Nacionais e os Parâmetros Curriculares Nacionais.

Mesmo assim, em nossa realidade educacional, temos um caminho longo a percorrer para estabelecer uma prática docente de estímulo ao ensino-aprendizagem de Biologia, de modo a possibilitar o reconhecimento de que essa área, quando desperta a curiosidade epistemológica do estudante, contribui para sua prática da ciência cidadã.

Sinapse

A curiosidade epistemológica caracteriza-se como um processo que supera a curiosidade ingênua e, amparado por métodos de investigação adequados a cada situação, transforma o conhecimento do senso comum em conhecimento científico. Por sua vez, a ciência cidadã indica o desenvolvimento de uma ciência com a participação voluntária e partilhada de conhecimentos produzidos pela comunidade científica.

Vitaminas essenciais

Segundo Bizzo (2006), o ensino de Biologia no Brasil esteve marcado, em um primeiro momento, pela tradição jesuítica e portuguesa (1500-1889) de **estudo dos seres vivos em meio natural** e de envio de coleções das espécies locais para a análise de especialistas da França, prática constante para a pesquisa científica que se desenvolvia, é claro, fora de nosso país, na Europa. Como as espécies não eram estudadas em solo brasileiro, erros eram encontrados nos textos franceses, a exemplo da atribuição de espécies da zoologia africana ao Brasil e vice-versa. Por isso, o zoólogo Mello Leitão organizou manuais e livros para o ensino superior, tidos como clássicos para o ensino de Biologia e um marco para essa disciplina em nosso país. Podemos considerá-lo um dos primeiros pesquisadores e educadores das Ciências Biológicas em nosso país.

No entanto, formalmente, a Biologia passou a ser integrada ao ensino de professores com o nome **Biologia Educacional**, em 1939, com a publicação de um livro com esse título, escrito por Antonio Almeida Júnior. O principal objetivo dessa disciplina era a **formação dos professores**, em nível de magistério, para uma prática de compreensão da fisiologia, da higiene e da prevenção de algumas doenças, inclusive as genéticas. No caso específico da obra tratada, seriam as doenças relacionadas a síndromes cromossômicas (Bizzo, 2006).

Sinapse

Foi na década de 1960 que houve de fato um avanço nos cursos de graduação em Biologia. Os cursos eram denominados *cursos de História Natural* e, com a reforma universitária de 1968, assumiram a designação *Ciências Biológicas*. Segundo Fatá (2008):

Três fatos foram marcantes na transição do curso de História Natural para o de Ciências Biológicas:

- a democratização do Ensino Fundamental, no final dos anos 1950 e início dos anos 60;
- as aulas de Ciências e Biologia eram ministradas por alguns professores formados em História Natural, mas também por profissionais formados em Medicina, Odontologia, Engenharia... e
- a demanda de professores era de tal ordem que indivíduos que só tinham o Ensino Médio de hoje eram chamados para lecionar, pois o número de cursos de História Natural era muito pequeno (na cidade do Rio de Janeiro só existiam dois).

Com o advento dos cursos de Ciências Biológicas, enfatizou-se a formação em licenciatura destinada aos universitários com defasagem de instrução em nível de bacharelado. O objetivo era formar professores qualificados para o ensino de Ciências e Biologia, uma vez que, com a LDB n. 4.024 (Brasil, 1961), publicada no ano de 1961, a disciplina de Ciências foi introduzida nos currículos escolares. Segundo Garcia (2020, p. 2), "a formação inicial dos professores organizou-se em um currículo mínimo e multidisciplinar de três anos (Licenciatura Plena)".

Já com a LDB n. 5.692, de 11 de agosto de 1971 (Brasil, 1971), as ciências deveriam ser contempladas no currículo dos então 1º e 2º graus, como, respectivamente, *Ciências Físicas e Biológicas* e *Biologia*. Essa lei esteve vigente no ensino brasileiro nas décadas de 1970, 1980 e 1990, e seus efeitos sobre a educação foram a proposta de uma formação de professores fragmentada, uma preparação para instruir os estudantes exclusivamente para os vestibulares, em detrimento do desenvolvimento da produção científica, e um apego aos livros didáticos como fonte exclusiva para o ensino-aprendizagem. Esses fatores, associados em maior ou menor grau, pouco ou nada contribuíram para a vivência dos estudantes de como e por que se pratica ciência e das relações entre ciência, tecnologia e sociedade (CTS). Para Bizzo (2006, p. 157), "todos devem aprender ciência como parte de sua formação cidadã, que possibilite a atuação social responsável e com discernimento diante de um mundo cada dia mais complexo".

Nem mesmo em 1996, com a promulgação da LDBEN n. 9.394, de 20 de dezembro (Brasil, 1996), chegou-se de fato à ideia de ciência para a formação cidadã. No entanto, o caminho percorrido na formação de professores e no ensino pautados pelas LDBs de 1961 e de 1971 contribuiu para as reflexões sobre esses processos formativos e de ensino-aprendizagem, estabelecendo critérios mínimos tanto para a formação inicial quanto continuada dos docentes.

🎯 Sinapse

A LDBEN n. 9.394/1996 abriu espaço para aprofundar as discussões sobre o ensino-aprendizado das denominadas *Ciências da Natureza*, que incluem Física, Química e Biologia. Em razão dessa nova possibilidade, logo após a promulgação da lei, e graças às discussões que a precederam, foram elaborados e publicados documentos como as Diretrizes Curriculares Nacionais do Ensino Médio (DCNEM) (Brasil, 2013) – normas embasadas na LDBEN n. 9.394/1996 que estabelecem objetivos e metas educacionais – e os Parâmetros Curriculares Nacionais do Ensino

Médio (PCNEM) (Brasil, 1999) – referenciais para as disciplinas, orientando a elaboração curricular – com orientações de caráter teórico-metodológico para o ensino dessas ciências.

No contexto específico das DCNEM (Brasil, 2013), as disciplinas específicas devem ser ministradas tendo em vista a interdisciplinaridade e, ao mesmo tempo, preservando as especificidades de cada área do conhecimento:

> Os conteúdos sistematizados que fazem parte do currículo são denominados componentes curriculares, os quais, por sua vez, se articulam às áreas de conhecimento, a saber: Linguagens, Matemática, Ciências da Natureza e Ciências Humanas. As áreas de conhecimento favorecem a comunicação entre os conhecimentos e saberes dos diferentes componentes curriculares, mas permitem que os referenciais próprios de cada componente curricular sejam preservados. (Brasil, 2013, p. 114)

Em outras palavras, os conteúdos específicos da Biologia são preservados e tratados em sala de aula no âmbito das Ciências da Natureza, ou seja, a formação do docente também precisa priorizar conceitos físicos e químicos para realizar a interação interdisciplinar.

Nos PCNEM, reafirma-se o caráter interdisciplinar entre as áreas que compõem as Ciências da Natureza:

> No nível médio, esses objetivos envolvem, de um lado, o aprofundamento dos saberes disciplinares em Biologia, Física, Química e Matemática, com procedimentos científicos pertinentes aos seus objetos de estudo, com metas formativas particulares, até mesmo com tratamentos didáticos específicos. De outro

lado, envolvem a articulação interdisciplinar desses saberes, propiciada por várias circunstâncias, dentre as quais se destacam os conteúdos tecnológicos e práticos, já presentes junto a cada disciplina, mas particularmente apropriados para serem tratados desde uma perspectiva integradora. (Brasil, 2000, p. 6)

A integração de saberes é pertinente para que as propostas de ensino-aprendizagem ponderem a complexidade das diferentes áreas do conhecimento. Para os professores, o planejamento das atividades com base em uma área torna-se um desafio em virtude da formação disciplinar. Muitos dos conteúdos de Biologia tratados nas salas de aula brasileiras continuam sendo abordados sob a perspectiva de uma única disciplina, sem levar em consideração as múltiplas dimensões da construção do conhecimento.

💊 Vitaminas essenciais

Os PCNEM trazem uma proposta inovadora, desafiadora e que depende da formação inicial e continuada dos professores. As competências e as habilidades propostas para o ensino de Biologia visam à formação integral dos estudantes no conhecimento da vida em suas diferentes formas, manifestações e relações.

As competências e habilidades relacionadas à disciplina de Biologia, descritas nos PCNEM (Brasil, 2000, p. 21), podem ser sistematizadas da seguinte maneira:

Representação e comunicação
- Descrever processos e características do ambiente ou de seres vivos, observados em microscópio ou a olho nu.
- Perceber e utilizar os códigos intrínsecos da Biologia.
- Apresentar suposições e hipóteses acerca dos fenômenos biológicos em estudo.
- Apresentar, de forma organizada, o conhecimento biológico apreendido, através de textos, desenhos, esquemas, gráficos, tabelas, maquetes etc.
- Conhecer diferentes formas de obter informações (observação, experimento, leitura de texto e imagem, entrevista), selecionando aquelas pertinentes ao tema biológico em estudo.
- Expressar dúvidas, ideias e conclusões acerca dos fenômenos biológicos.

Investigação e compreensão
- Relacionar fenômenos, fatos, processos e ideias em Biologia, elaborando conceitos, identificando regularidades e diferenças, construindo generalizações.
- Utilizar critérios científicos para realizar classificações de animais, vegetais etc.
- Relacionar os diversos conteúdos conceituais de Biologia (lógica interna) na compreensão de fenômenos.
- Estabelecer relações entre parte e todo de um fenômeno ou processo biológico.
- Selecionar e utilizar metodologias científicas adequadas para a resolução de problemas, fazendo uso, quando for o caso, de tratamento estatístico na análise de dados coletados.
- Formular questões, diagnósticos e propor soluções para problemas apresentados, utilizando elementos da Biologia.

- Utilizar noções e conceitos da Biologia em novas situações de aprendizado (existencial ou escolar).
- Relacionar o conhecimento das diversas disciplinas para o entendimento de fatos ou processos biológicos (lógica externa).

Contextualização sociocultural

- Reconhecer a Biologia como um fazer humano e, portanto, histórico, fruto da conjunção de fatores sociais, políticos, econômicos, culturais, religiosos e tecnológicos.
- Identificar a interferência de aspectos místicos e culturais nos conhecimentos do senso comum relacionados a aspectos biológicos.
- Reconhecer o ser humano como agente e paciente de transformações intencionais por ele produzidas no seu ambiente.
- Julgar ações de intervenção, identificando aquelas que visam à preservação e à implementação da saúde individual, coletiva e do ambiente.
- Identificar as relações entre o conhecimento científico e o desenvolvimento tecnológico, considerando a preservação da vida, as condições de vida e as concepções de desenvolvimento sustentável.

As competências e as habilidades descritas para a Biologia visavam à formação científica dos estudantes associada a aspectos da educação ambiental, do desenvolvimento sustentável, do fazer ciência e da compreensão de seu processo de produção na sociedade. Alguns avanços teóricos e metodológicos foram feitos a partir dos PCNEM, principalmente no período em que as diretrizes curriculares de cada estado fundamentavam-se nesses princípios de ensino-aprendizagem.

Atualmente, em ampla discussão com a sociedade e com a participação do meio acadêmico, foi elaborada a Base Nacional Comum Curricular (BNCC), aprovada em sua primeira versão em 2018. Nesse documento, manteve-se a concepção das áreas do conhecimento e, tal como nos PCNEM, Biologia, Física e Química são disciplinas da área de Ciências da Natureza e suas Tecnologias. Segundo o documento,

> a BNCC da área de Ciências da Natureza e suas Tecnologias – por meio de um olhar articulado da Biologia, da Física e da Química – define competências e habilidades que permitem a ampliação e a sistematização das aprendizagens essenciais desenvolvidas no Ensino Fundamental no que se refere: aos conhecimentos conceituais da área; à contextualização social, cultural, ambiental e histórica desses conhecimentos; aos processos e práticas de investigação e às linguagens das Ciências da Natureza. (Brasil, 2018, p. 547)

Em suma, considerando o aspecto interdisciplinar atribuído desde as DCNEM, dos PCNEM até a atual BNCC, o grande desafio passa pela **formação de professores** capazes de articular e integrar saberes à disciplina de Biologia em uma visão sistêmica e, ao mesmo tempo, de aprofundamento de conhecimentos para o desenvolvimento humano.

🔌 Sinapse

Para Krasilchik (2005), a nova maneira de ensinar Biologia, na atualidade, exige que os temas incorporados sejam relevantes para os estudantes, façam parte das vivências dos alunos para que estes possam analisar e entender o contexto em que vivem e, com base no estudo da ciência, possam melhorar a qualidade de vida da comunidade.

Segundo Bizzo (2006, p. 157), "todos devem aprender ciência como parte de sua formação cidadã, que possibilite a atuação social e responsável e com discernimento diante de um mundo cada dia mais complexo".

Desse modo, com base em documentos oficiais elaborados no decorrer da história da disciplina de Biologia, podemos afirmar que muitas tendências pedagógicas fundamentaram e ainda fundamentam seu ensino em nosso país. Na sequência, apresentamos um quadro geral dessas abordagens e seus aportes teórico-metodológicos.

1.2 Quadro geral das tendências pedagógicas no ensino de Ciências e Biologia

No decorrer da história do ensino de Biologia no Brasil, é possível verificar avanços nos documentos oficiais quanto às orientações com caráter interdisciplinar. No entanto, o que se observa, na sala de aula, são multiplicidades de tendências pedagógicas.

Dessa forma, a Figura 1.1, a seguir, traz uma síntese das principais tendências pedagógicas no ensino de Ciências e Biologia, responsáveis por influenciar as diretrizes curriculares, os currículos, o planejamento e, principalmente, a prática docente.

Figura 1.1 – Principais tendências pedagógicas no ensino de Biologia

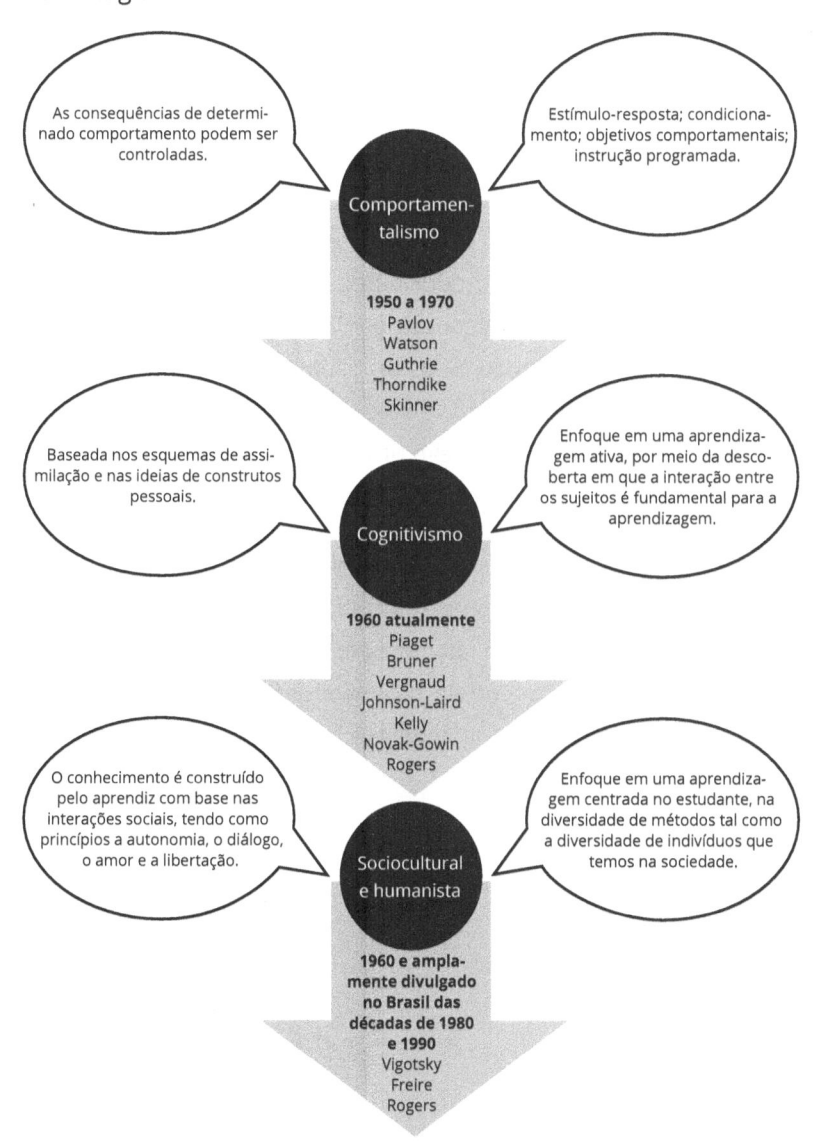

As consequências de determinado comportamento podem ser controladas.

Estímulo-resposta; condicionamento; objetivos comportamentais; instrução programada.

Comportamentalismo

1950 a 1970
Pavlov
Watson
Guthrie
Thorndike
Skinner

Baseada nos esquemas de assimilação e nas ideias de construtos pessoais.

Enfoque em uma aprendizagem ativa, por meio da descoberta em que a interação entre os sujeitos é fundamental para a aprendizagem.

Cognitivismo

1960 atualmente
Piaget
Bruner
Vergnaud
Johnson-Laird
Kelly
Novak-Gowin
Rogers

O conhecimento é construído pelo aprendiz com base nas interações sociais, tendo como princípios a autonomia, o diálogo, o amor e a libertação.

Enfoque em uma aprendizagem centrada no estudante, na diversidade de métodos tal como a diversidade de indivíduos que temos na sociedade.

Sociocultural e humanista

1960 e amplamente divulgado no Brasil das décadas de 1980 e 1990
Vigotsky
Freire
Rogers

Fonte: Elaborado com base em Krasilchik, 2005; Moreira, 2011.

Explicaremos essa representação geral das tendências pedagógicas com mais detalhes na sequência, estabelecendo as principais ideias de cada uma e indicando como elas estiveram ou ainda estão presentes na escola brasileira.

1.3 Comportamentalismo e cognitivismo

O comportamentalismo, tendência pedagógica presente na educação brasileira entre as décadas de 1950 e 1970, baseia-se na ideia do **condicionamento**. Seus principais pensadores foram Pavlov, Watson, Guthrie, Thorndike e Skinner.

Entre todos eles, Skinner teve uma grande influência no Brasil. Segundo Krasilchik (2005, p. 23):

> Essas ideias admitem que as consequências agradáveis de um evento funcionavam como "reforçadoras" e as desagradáveis como "aversivas". O comportamento humano seria moldado por procedimentos de controle, recompensa e punição, e revelado por conhecimentos, atitudes e habilidades observáveis e mensuráveis.

Já o cognitivismo está alicerçado em processos mentais de **interação do indivíduo com o mundo**. Estudado por Vergnaud, Bruner, Kelly, Novak, Piaget e Ausubel – os dois últimos bastante conhecidos no ensino e, em especial, no contexto de Ciências e Biologia. Para os cognitivistas, nossas **experiências no mundo** realizadas no decorrer de nossa **maturação biológica** são estruturas essenciais para a aprendizagem.

1.3.1 O comportamentalismo

John Watson (1878-1958) foi o fundador do comportamentalismo, ideia baseada na noção de **estímulo-resposta**, fortemente influenciado por Pavlov. Para o psicólogo estadunidense, é possível construir uma multiplicidade de respostas aos estímulos. O estudioso estabeleceu dois princípios para esse fenômeno: o da **frequência** – isto é, a repetição de uma resposta a determinado estímulo, que fará com que ela aconteça em outras situações com o mesmo estímulo ou estímulos parecidos – e o da **recentidade** – isto é, quanto mais recentemente associamos uma resposta a um estímulo, maior será a capacidade de associá-la novamente –, alegando que, para a aquisição do conhecimento, os processos seriam os mesmos (Moreira, 2011).

Já Edwin Guthrie (1856-1959) partiu do princípio de que, "se alguma coisa for feita em uma dada situação, provavelmente será feita de novo em frente à mesma situação" (Moreira, 2011, p. 23), sem ser enfraquecida ou reforçada pela prática. Repetições auxiliam no aumento da quantidade de estímulos. O princípio da recentidade está mais claro em Guthrie. Ele propôs a "quebra de hábitos" com três técnicas: **método das fadigas**, **método do limiar**, **método do estímulo incompatível**, no entanto, não utilizava o conceito de reforço, como Skinner.

Edward Thorndike (1874-1949) baseou-se na ideia de relações de estímulo-resposta que estabelecem conexões neurais. Sua concepção de aprendizagem, através dessas conexões, estava sujeita a três leis: **lei do efeito**, **lei do exercício** e **lei da prontidão**. Estabeleceu algumas outras subordinadas a essas, as quais, contudo, não aparecem de forma clara em sua teoria. Teve forte influência na psicologia educacional norte americana.

Esses autores forneceram as bases para a origem do behaviorismo, que "mais recentemente teve enorme influência no ensino da sala de aula, principalmente nas décadas de 60 e 70" (Moreira, 2011, p. 32). Além disso, foram responsáveis pela iniciação de estudos sobre o comportamento humano. Todos eles são conhecidos como *teóricos conexionistas*, porque se basearam no conceito de estímulo-resposta.

O behaviorista mais famoso foi Bhurrus Frederic Skinner (1904-1990). Nascido no estado da Pensilvânia, Estados Unidos, desenvolveu um trabalho com enorme influência no ensino, principalmente nas décadas de 1960 e 1970. A abordagem de Skinner é considerada periférica, na qual o comportamento observável é o único elemento, ou seja, trata-se de uma análise das relações entre o estímulo e a resposta.

Em sua teoria, os comportamentos estão associados ao **condicionamento**. Nesse contexto, as punições e as recompensas têm papel importante, pois parte-se do princípio de que as pessoas se comportam visando obter recompensas e, ao mesmo tempo, evitando punições. Assim, os reforços podem ser positivos (recompensas) ou negativos (aqueles cuja tendência é enfraquecer a resposta).

Dessa forma, no processo instrucional, de acordo com a abordagem skinneriana, o **reforço positivo** é fundamental para a educação. Além disso, quanto maiores ou melhores forem as contingências de reforço, maior será a capacidade de aprendizagem. Portanto, o professor deve encontrá-las e proporcioná-las aos estudantes. O reforço precisa ser oferecido aos alunos após apresentarem uma resposta e antes de aprenderem a próxima.

> 📋 **Prescrição da autora**
>
> SKINNER, B. H. **Sobre o behaviorismo**. São Paulo: Cultrix, 2011. Para que você possa aprofundar seus conhecimentos sobre os estudiosos e suas ideias acerca da aprendizagem, nada melhor do que a leitura das suas obras. O livro *Sobre o behaviorismo*, de B. F. Skinner, possibilita a compreensão dessa teoria educacional.

As noções das perspectivas behavioristas antigas eram muito presentes na educação brasileira das décadas de 1970 e 1980 e estenderam-se para os anos de 1990. Entretanto, práticas isoladas, pautadas nessas teorias, são observáveis até a atualidade no cotidiano da escola básica: nos exercícios repetitivos, que exigem resoluções iguais por parte dos estudantes; nas situações de "premiação", como no caso de carimbos em tarefas ou em oferta de doces para estudantes que acertam as respostas (mecânicas, automáticas).

Professores em formação inicial e continuada precisam inteirar-se dessas tendências pedagógicas, de modo a verificar como elas estão presentes nas salas de aula, quando e por que podem ser utilizadas e, principalmente, como transformá-las em situações de aprendizagem em algumas práticas escolares.

1.3.2 O cognitivismo

Segundo Moreira (2011), o cognitivismo surgiu como uma resposta ao behaviorismo clássico. Nessas teorias, a **cognição** tem papel fundamental nos processos de ensino-aprendizagem.

De acordo com essa abordagem, as cognições atuam juntas para produzir respostas. Assim, todo comportamento é intencional e guiado por cognições, que, por sua vez, ligam-se constantemente aos estímulos. Nesse caso, o **reforço** tem papel importante e tudo que é aprendido encontra-se no âmbito da cognição. Desse modo, o aluno organiza, durante seu processo de aprendizagem, um caminho, um mapa cognitivo, pleno de significados.

1.4 Teorias socioculturais e construtivistas de ensino-aprendizagem

Os principais representantes das teorias construtivistas originadas do cognitivismo são Bruner, Piaget e Vigotsky. Veja, a seguir, as especificidades das abordagens de cada um desses estudiosos.

1.4.1 Jerome Bruner e a natureza do desenvolvimento intelectual

A teoria de Jerome Bruner concentra-se na natureza do desenvolvimento intelectual no contexto dos processos de ensino-aprendizagem. Para o estudioso estadunidense, qualquer tema pode ser ensinado a qualquer criança em qualquer estágio de desenvolvimento. Por essa razão, sua teoria é marcada pela aprendizagem por descoberta e pelo currículo em espiral (Moreira, 2011).

💊 Vitaminas essenciais

A **aprendizagem por descoberta**, de acordo com Bruner, acontece quando o aprendiz faz relações e estabelece similaridades entre ideias não conhecidas. Já o **currículo em espiral** consiste na apresentação reiterada de um mesmo conteúdo, com diferentes níveis de profundidade. O estudioso enfatiza que a aprendizagem por descoberta deve acontecer de forma dirigida para não causar desmotivação e angústias, portanto, as instruções precisam auxiliar o estudante a resolver problemas, a descobrir.

A teoria de Bruner apresenta quatro princípios fundamentais. Confira na Figura 1.2, a seguir.

Figura 1.2 – Princípios da teoria de Bruner

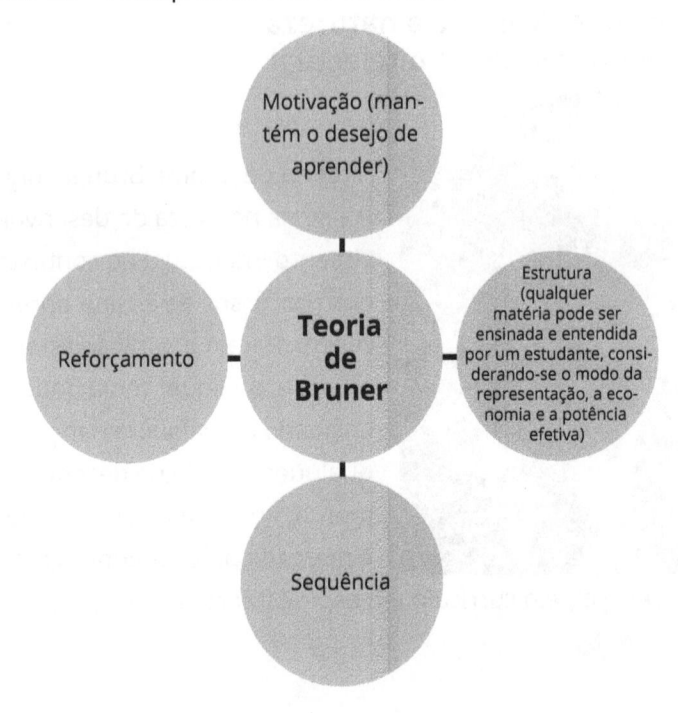

Teoria de Bruner:
- Motivação (mantém o desejo de aprender)
- Estrutura (qualquer matéria pode ser ensinada e entendida por um estudante, considerando-se o modo da representação, a economia e a potência efetiva)
- Sequência
- Reforçamento

O papel do professor, segundo essa teoria, é planejar o **ensino de acordo com o desenvolvimento intelectual do aprendiz** e **valorizar o papel da linguagem na aprendizagem**. A instrução organizada facilita o aprendizado e, por isso, o educador corresponde a um facilitador do processo, permitindo ao aluno a descoberta, a revisão e a reconstrução dos conhecimentos.

Sinapse

A aprendizagem por descoberta teve grande influência na escola básica brasileira no final da década de 1990 e no início do século XXI. Muitas instituições, principalmente as da rede privada, utilizavam-na em seus discursos, suas práticas e seus processos de ensino-aprendizagem. Esse princípio também teve reflexos na educação pública, em que os planejamentos passaram a ser realizados com o intuito de motivar o aluno a descobrir por conta própria as soluções de problemas.

1.4.2 Jean Piaget e a genética na aprendizagem

Jean Piaget foi um pioneiro do enfoque construtivista da cognição humana. Seus trabalhos datam da década de 1920. No entanto, sua obra só foi redescoberta na década de 1970, quando se iniciou uma forte contraposição do cognitivismo ao behaviorismo.

Seus trabalhos são conhecidos principalmente pelo destaque

dado aos **períodos de desenvolvimento** e outros conceitos como a **assimilação**, a **acomodação** e a **equilibração**. Sua teoria teve e ainda tem forte influência nos processos de ensino-aprendizagem. A formação de Piaget, biólogo e psicólogo, contribuiu muito para o desenvolvimento de sua teoria cognitiva. Nela, Piaget destaca quatro períodos do desenvolvimento cognitivo humano, divididos em estágios ou níveis. São eles:

- **Sensório motor (0 a 2 anos)**: o bebê centraliza suas ações no próprio corpo, e tudo existe em função dela.

- **Pré-operacional (2 a 6 anos)**: a criança desenvolve a linguagem e organiza o pensamento em função de sua experiência. Entretanto, essa organização ainda não permite a reversibilidade do pensamento. Por exemplo, dois copos de mesmo formato e mesma medida são preenchidos com determinado líquido, dividindo-se igualmente o volume desse conteúdo entre os recipientes. Em seguida, pede-se a uma criança que reconheça essa igualdade. Na sequência, coloca-se o líquido de um dos copos em um recipiente mais largo e mais baixo, e solicita-se à criança que compare os volumes.

Ela, muito provavelmente, diz que a quantidade de líquido do copo mais largo e mais baixo é menor que a do outro.

- **Operacional-concreto (7 aos 12 anos, aproximadamente)**: a criança vive uma descentração progressiva em relação à perspectiva egocêntrica presente até então, desenvolvendo a capacidade de pensar no todo e nas partes simultaneamente, bem como de partir do concreto para as abstrações. Por exemplo, torna-se capaz de observar determinado fenômeno e de avaliar a probabilidade de que ocorra novamente.

- **Período das operações formais (adolescência e vida adulta)**: o indivíduo desenvolve as capacidades do raciocínio hipotético-dedutivo e da elaboração de construtos mentais e suas relações.

Flamingo Images/Shutterstock

Essas fases podem desenvolver-se em diferentes períodos de duração, e a passagem de uma para a outra ocorre de maneira gradual. Mais importante que a idade em que as transformações acontecem é a sucessão de estágios até o das operações formais.

Para Piaget, o crescimento cognitivo da criança ocorre por **assimilação** e **acomodação**. O indivíduo constrói esquemas mentais para assimilar a realidade e, ao conseguir modificar sua ação, chega ao estágio da acomodação. São as sucessivas acomodações as responsáveis pelo desenvolvimento cognitivo. O equilíbrio (ou equilibração) entre a assimilação e a acomodação caracteriza-se por uma adaptação a novas situações e prossegue durante todos os estágios.

💊 Vitaminas essenciais

O epistemólogo suíço considera que, na escola, essa passagem por sucessivas equilibrações só pode ocorrer quando o professor é tão ativo quanto o aluno. Desse modo, defende métodos ativos de ensino-aprendizagem nos quais o educador estimula situações de desequilíbrio de modo a proporcionar aos estudantes a condição do equilíbrio. Os trabalhos práticos e as demonstrações de aula, por si sós, não produzem conhecimento, pois os conteúdos precisam da organização do professor integrada à argumentação. Os profissionais da educação precisam estimular a **pesquisa** e o **esforço**, evitando a mera transmissão de conhecimentos. Além disso, Piaget afirma que as aptidões dos bons alunos estão relacionadas à capacidade de se adaptar ao ensino que é oferecido e que, para alguns estudantes, a desequilibração acontece de forma tão abrupta que chega a impedir a condição de equilibração.

1.4.3 Vigotsky e o socioconstrutivismo

Diferentemente da teoria de Piaget, que se apoia na equilibração como princípio para explicar o desenvolvimento cognitivo, Vigotsky afirmava que esse processo não ocorre independentemente do contexto social, histórico e cultural. Pelo contrário, o estudioso bielo-russo considerava que tal desenvolvimento só acontece em razão das condições do meio e da sua mediação para o indivíduo.

Com bases marxistas, sua teoria enfatiza as origens sociais dos processos psicológicos superiores, bem como sua relação com os produtos de seu método de análise. É considerado um construtivista que embasa sua teoria no **contexto sociocultural** dos indivíduos.

Para Vigotsky, segundo Moreira (2011, p. 108),

> o desenvolvimento cognitivo do ser humano não pode ser entendido sem referência ao meio social. Contudo, não se trata apenas de considerar o meio social como uma variável importante no desenvolvimento cognitivo. Para ele, o desenvolvimento cognitivo é a conversão das relações sociais em funções mentais. Não é por meio do desenvolvimento cognitivo que o indivíduo torna-se [sic] capaz de socializar, é por meio da socialização que se dá o desenvolvimento dos processos mentais superiores. [...]. A resposta está na mediação, ou atividade mediada indireta, a qual é, para Vygotski, típica da cognição humana. É pela mediação que se dá a internalização (reconstrução interna de uma operação externa) de atividades e comportamentos sócio históricos e culturais e isso é típico do domínio humano.

Dessa forma, de acordo com Vigotsky, a linguagem precede o pensamento racional e, por isso, é fundamental no desenvolvimento cognitivo da criança. O **processo linguístico** surge como uma necessidade de comunicação no meio onde ela se encontra e, através dele, ocorre a evolução da fala social para a fala egocêntrica e, por fim, para a fala interna. Por isso, a linguagem é o mais importante sistema de signos, pois se constitui em uma função complexa, a fala, que tem uma origem social e influencia o indivíduo em sua relação com o meio.

🔌 Sinapse

Um conceito característico da teoria de Vigotsky é o da **zona de desenvolvimento proximal**, que pode ser definida como

> a distância entre o nível de desenvolvimento cognitivo real do indivíduo, tal como medido por sua capacidade de resolver problemas independentemente, e o seu nível de desenvolvimento potencial, tal como o medido por meio da solução de problemas sob orientação (de um adulto, no caso de uma criança) ou em colaboração com companheiro mais capazes. (Moreira, 2011, p. 114)

Em seu método experimental, Vigotsky dava mais ênfase aos processos do que aos produtos de sua pesquisa, sempre considerando as influências do meio. A aprendizagem e o ensino interagem e determinam o desenvolvimento cognitivo do aluno, mediado por situações compartilhadas social, cultural e historicamente pelos pares da escola (professor e aluno), caracterizando sua teoria como **construtivista** e **sociocultural**.

1.5 Teorias de Paulo Freire e de David Ausubel no ensino de Ciências e Biologia

Atualmente, as teorias de Paulo Freire e de David Ausubel fundamentam muitas pesquisas de graduação e pós-graduação sobre ensino de Ciências e, mais especificamente, de Biologia de profissionais preocupados com o avanço do ensino-aprendizagem dos estudantes brasileiros.

Esses teóricos, considerados, respectivamente, humanista e cognitivista, conceberam a aprendizagem humana como caracterizada por uma intensa relação do ser com o meio social. Também acreditavam que as aprendizagens, para se tornarem significativas, precisam ser ancoradas na vivência sociocultural dos estudantes.

1.5.1 Teoria de Paulo Freire e o ensino de Biologia

Paulo Freire (1921-1997) foi um educador brasileiro cuja obra traz reflexões para o ensino e a aprendizagem em várias etapas da escolarização. Entre seus principais escritos, destacam-se *Pedagogia do oprimido*, *Pedagogia da autonomia* e *Educação e mudança*.

💊 Vitaminas essenciais

Um dos principais conceitos da teoria freiriana é o da **educação bancária** praticada nas escolas, responsável por inibir a criatividade e a capacidade de "ser mais" do educando. Segundo o educador brasileiro, essa concepção caracteriza-se pela transferência ou "depósitos" de conhecimentos. Segundo Freire (2014b), na educação bancária o professor é quem educa, sabe, pensa, fala, disciplina, opta, prescreve, planeja, atua e tem autoridade para escolher os conteúdos e os métodos para ensinar ao aluno, a este cabe acatar todas as decisões daquele, passivamente. Por isso, o objetivo desse modelo está na adaptação dos estudantes, de maneira a mantê-los passivos, ingênuos e incapazes de se transformarem em indivíduos críticos e autônomos.

Para a superação dessa educação bancária, Freire (2014b) propõe a **educação dialógica e problematizadora**. Nessa concepção, o diálogo com os estudantes começa na busca do conteúdo programático e na problematização dos temas de estudo.

Dessa maneira, no universo temático dos educandos, por meio do diálogo problematizador, chega-se aos temas geradores relacionados à sua vivência sociocultural, expressando sua relação homem-mundo.

Após a definição, em conjunto, desses conteúdos, o professor devolve-os aos estudantes como problema, jamais como dissertação. Dessa maneira, três etapas podem ser consideradas na pedagogia freiriana (Freire, 2014b):

1. investigação temática;
2. tematização;
3. problematização.

Ao contrário da educação bancária, que prioriza a memorização mecânica, a educação dialógica e problematizadora de Freire estabelece a apropriação significativa dos conteúdos, considerando seus aspectos culturais, sociais e históricos. Assim, o estudante assume o papel de sujeito do processo de ensino-aprendizagem e o diálogo torna-se essencial como estratégia, sempre associado à problematização dos temas.

🧠 Sinapse

Para Freire (2014b), o educador precisa deixar de lado o papel de detentor e transmissor de conhecimento e respeitar os saberes dos educandos, sem autoritarismo e licenciosidade. O educador freiriano objetiva sempre o "ser mais" dos estudantes, em uma prática de liberdade, e enfatiza a formação de uma consciência crítica e não ingênua. Além disso, age de forma investigativa, indagadora, apoia-se no diálogo e compreende que tudo está sujeito a revisões e mudanças.

Em *Pedagogia da autonomia*, Freire (2014a) estabelece saberes necessários à prática educativa: ensinar ultrapassa a mera e simples transmissão de conhecimentos, exige rigorosidade metódica, criticidade, reflexão sobre a prática, além de curiosidade, pesquisa e entendimento de que a educação é uma especificidade humana. Todos esses fatores são essenciais ao ensino de Biologia que visa à promoção da alfabetização científica.

A teoria de Paulo Freire é atual para os processos de ensino-aprendizagem na escola, uma vez que considera os seguintes elementos:

- o professor mediador;
- a interação social;
- a significação dos conteúdos;
- a criticidade no ensinar e no aprender.

Suas ideias pedagógicas são interpretadas como libertadoras, principalmente pelo fato de que em nossas escolas predominam, no ensino de Biologia, muitos traços da educação bancária.

1.5.2 Teoria de David Ausubel no ensino de Biologia

A teoria de Ausubel trata da aprendizagem cognitiva, embora reconheça a importância das outras, baseando-se na premissa de que existe uma estrutura cognitiva em constante mutação. De acordo com o pesquisador estadunidense, a aprendizagem é organização e integração de informações na estrutura cognitiva (Ausubel, 2003).

🔌 Sinapse

Na teoria ausubeliana constam os conceitos de **aprendizagem mecânica** e **aprendizagem significativa**. A primeira caracteriza-se como a aprendizagem de novas informações com pouca ou nenhuma associação a conceitos relevantes na estrutura cognitiva. Não há interação entre a nova informação e aquelas já armazenadas. A segunda, por sua vez, caracteriza-se como o processo por meio do qual uma nova informação relaciona-se com algum aspecto relevante da estrutura do conhecimento do indivíduo.

Para Ausubel (2003), a aprendizagem significativa ocorre com a presença dos chamados *subsunçores*, facilitadores capazes de se relacionar com as novas aprendizagens dos estudantes, caracterizadas, por sua vez, como interações que resultam em modificações cognitivas, formando uma hierarquia conceitual:

> os aspectos processuais da cognição incluem a determinação dos subsunçores mais relevantes (ideias ancoradas) na estrutura cognitiva; a natureza da interação dos últimos com as respectivas ideias no material de instrução; e a reação de atitude e afetiva em relação aos novos significados emergentes. Geralmente, após várias repetições, estes aspectos componentes da cognição tornam-se resumidos e o aprendiz apreende imediatamente (mais em termos perceptuais do que cognitivos) o que a palavra, expressão, frase ou parágrafo significam, simplesmente porque já apreendera, anteriormente, o significado dos mesmos (mas não há tanto tempo a ponto de o esquecer) e já não necessita de o apreender novamente quando o encontrar no futuro. (Ausubel, 2003, p. 125)

Na aprendizagem significativa, o mais importante a ser considerado é aquilo que o aluno já sabe, tendo em vista que o cérebro é altamente organizado, capaz de formar uma hierarquia conceitual. Nesse sentido, os subsunçores são importantes na teoria da aprendizagem significativa. Eles podem ser adquiridos pelo aluno por meio da aprendizagem mecânica, da formação de conceitos e dos "organizadores prévios". Estes últimos, de acordo com Ausubel (2003, p. 66), são "utilizados para aumentar a capacidade de discriminação entre as novas ideias do material de aprendizagem e os subsunçores relevantes existentes na estrutura cognitiva".

Assim,

> Na aprendizagem significativa, o mesmo processo de aquisição de informações resulta numa alteração quer das informações recentemente adquiridas, quer do aspecto especificamente relevante da estrutura cognitiva, à qual estão ligadas as novas informações. Na maioria dos casos, as novas informações estão ligadas a um conceito ou proposição específicos e relevantes. (Ausubel, 2003, p. 3)

Nesse contexto, para proporcionar a aprendizagem significativa, o papel do professor seria o de identificar os conhecimentos prévios dos estudantes, seus subsunçores, e elaborar materiais de aprendizagem potencialmente relevantes, de modo que eles assimilem novas informações de maneira significativa.

Síntese proteica

Neste capítulo, traçamos um histórico do ensino de Biologia no Brasil, bem como apresentamos as diretrizes e os parâmetros curriculares que embasaram a construção dos currículos escolares para a prática docente. As políticas públicas de educação influenciaram fortemente o ensino das Ciências Naturais em nosso país, avançando significativamente nas últimas décadas e objetivando a alfabetização científica de nossos estudantes, tão importante quanto outros tipos de alfabetização.

Além disso, contemplamos as tendências pedagógicas no ensino de Ciências e Biologia, destacando seus pontos positivos e negativos, de modo que você possa verificar maneiras de transpô-las para as atividades em sala de aula. Essas abordagens permitem a fundamentação de práticas de docência, pesquisa em ensino e produção de material didático, áreas em que o licenciado em Ciências Biológicas pode atuar. Por isso, conhecer e aprofundar o estudo dessas perspectivas contribui para uma vivência significativa e reflexiva em sala de aula.

Prescrições da autora

Filme

O MENINO que descobriu o vento. Direção: Chiwetel Ejiofor. Estados Unidos: Netflix, 2019. 113 min.

Nesse filme, é possível perceber que o ato da aprendizagem está intimamente ligado às condições históricas, sociais e culturais, e que a produção do conhecimento científico pode mudar vidas.

Livro

MOREIRA, M. A. **Teorias da aprendizagem**. São Paulo: EPU, 2011.

O autor dessa obra destaca as principais teorias da aprendizagem, algumas delas pouco conhecidas nos meios de formação de professores. A leitura do livro contribui para a compreensão do ensino e da aprendizagem na escola básica.

Sites

APRENDIZAGEM SIGNIFICATIVA EM REVISTA. Disponível em: <http://www.if.ufrgs.br/asr/>. Acesso em: 20 mar. 2020.

INSTITUTO PAULO FREIRE. Disponível em: <https://www.paulofreire.org/>. Acesso em: 20 mar. 2020.

Os *sites* indicados são ótimos repositórios de textos acadêmicos sobre a aprendizagem proposta por David Ausubel e seus desdobramentos, bem como a respeito dos preceitos pedagógicos de Paulo Freire.

Rede neural

1. Analise as afirmativas a seguir e indique V para as verdadeiras e F para as falsas. Depois, assinale a alternativa que apresenta a sequência correta:

    ( ) Ensinar Biologia é uma atividade simples e independe da tendência pedagógica adotada.

    ( ) O ensino de Biologia no Brasil passou por muitas transformações graças às Leis de Diretrizes e Bases da Educação e às alterações pelas quais passaram.

    ( ) O ensino de Biologia requer uma boa formação por parte do professor, de modo que o educador reconheça as diferentes tendências pedagógicas que podem surgir em sala de aula.

    ( ) Todos devem aprender ciência como parte de sua formação cidadã, que possibilite a atuação social, responsável e com discernimento diante de um mundo cada dia mais complexo.

    ( ) O ensino de Biologia deve levar em conta somente a tendência pedagógica escolhida no projeto político-pedagógico.

    A) F, V, V, V, F.
    B) F, F, F, F, V.
    C) V, V, V, V, V.
    D) F, V, F, V, F.
    E) V, V, V, V, F.

2. Analise as afirmativas a seguir e, em seguida, assinale a alternativa correta:

   I) As tendências cognitivistas fundamentam-se nas ideias do estímulo-resposta e do reforço positivo às respostas corretas.
   II) Piaget e Skinner representam o cognitivismo clássico.
   III) A tendência cognitivista de Jean Piaget considera a maturação biológica como fator fundamental à aprendizagem.

   A) Apenas a afirmativa I é correta.
   B) Apenas a afirmativa II é correta.
   C) Apenas a afirmativa III é correta.
   D) Todas as afirmativas são corretas.
   E) Todas as alternativas são incorretas.

3. Sobre o comportamentalismo, assinale a única alternativa correta:

   A) É uma tendência pedagógica relevante para os dias atuais, que exigem a memorização dos conceitos científicos da biologia.
   B) Tem como principais representantes Pavlov e Skinner, cujos experimentos em animais com estímulos-resposta foram transpostos para o ensino-aprendizagem nas décadas de 1960 e 1970.
   C) É a tendência presente na LDBEN n. 9.394/1996.
   D) Suas ideias nunca estiveram presentes na educação brasileira.
   E) Afirma que o reforço não é importante no comportamento do indivíduo, tão menos na aprendizagem.

4. Assinale a alternativa que apresenta a definição de aprendizagem mecânica de acordo com teoria de David Ausubel:
   A) Aprendizagem relacionada a novas informações, com pouca ou nenhuma associação a conceitos relevantes na estrutura cognitiva.
   B) Aprendizagem sobre sistemas mecânicos.
   C) Processo por meio do qual uma nova informação relaciona-se com algum aspecto relevante da estrutura do conhecimento do indivíduo.
   D) Processo de aprendizagem por meio do qual antigas informações são definitivamente consolidadas no cérebro.
   E) Nenhuma das anteriores.

5. A teoria pedagógica de Vigotsky é considerada uma teoria sociocultural pelo seguinte motivo:
   A) Porque considera a maneira como as crianças advindas de famílias socialmente mais favorecidas aprendem.
   B) Porque as atividades de ensino e aprendizagem consideram o desenvolvimento cognitivo do aluno, mediado por situações compartilhadas social, cultural e historicamente pelos ocupantes do ambiente escolar.
   C) Porque se concentra nas questões políticas relacionadas à educação.
   D) Porque se concentra em fatores genéticos relacionados ao processo de ensino-aprendizagem.
   E) Todas as anteriores.

Biologia da mente

Análise biológica

1. Relacione o ensino de Biologia no Brasil, em diferentes momentos históricos, às tendências pedagógicas predominantes em cada um deles (behavioristas, cognitivistas, humanistas etc.).
2. Há documentos específicos para o ensino de Biologia fundamentados nos documentos do Ministério da Educação relacionados ao seu estado? Como esse documento está estruturado?
3. Reflita sobre como foi seu ensino-aprendizagem especialmente nas disciplinas de Ciências e Biologia. Em seguida descreva e explique em qual(is) tendência(s) pedagógica(s) elas se apoiavam.
4. Pesquise artigos sobre a história do ensino de Biologia no Brasil e trace uma linha do tempo com as principais características de cada período histórico.
5. Verifique em escolas próximas à sua residência qual(is) tendência(s) pedagógica(s) está(ão) mais presente(s) nos respectivos projetos político-pedagógicos e disserte sobre as possibilidades de modificações quando necessário.

No laboratório

1. Assista ao filme *O menino que descobriu o vento*, indicado na seção "Prescrições da autora" deste capítulo. Em seguida, disserte sobre a importância do conhecimento científico na transformação de uma comunidade.

2. Leia o artigo "As contribuições de Paulo Freire para um ensino de Ciências dialógico", de Raquel Crosara Maia Leite e Raphael Alves Feitosa (2012). Em seguida, analise e descreva as potencialidades da teoria de Paulo Freire no ensino de Ciências e Biologia.

CAPÍTULO 2

METODOLOGIA NO ENSINO DE BIOLOGIA,

Estrutura da matéria

No Capítulo 1, analisamos as principais tendências pedagógicas responsáveis pelo embasamento do ensino de Biologia em diferentes contextos sócio- históricos, incluindo o contexto atual. Neste, abordaremos as principais metodologias cujo potencial de utilização como um "caminho" para o processo de ensino-aprendizagem é representativo.

As metodologias que aqui apresentamos foram pesquisadas e desenvolvidas em diferentes áreas do conhecimento. No contexto específico da Biologia, muitas pesquisas foram realizadas para analisar criticamente as potencialidades e as limitações de cada abordagem, bem como para identificar as melhores maneiras de utilizá-las e, de preferência, alterná-las no dia a dia escolar.

Conhecer a metodologia dos momentos pedagógicos, da pedagogia histórico-crítica e da construção de mapas conceituais e mentais, além de metodologias reflexivas de experimentação, contribui para a compreensão das diferentes etapas do processo de ensino-aprendizagem na sala de aula de Biologia.

Dessa forma, são os objetivos deste capítulo:

- descrever as principais metodologias a serem aplicadas no âmbito educacional em Biologia;
- descrever os momentos pedagógicos propostos por Delizoicov, Angotti e Pernambuco (2009) como uma prática construtivista para as aulas de Biologia;
- reconhecer as etapas da metodologia da pedagogia histórico-crítica proposta por João Luiz Gasparin (2002);

- construir mapas mentais e conceituais como estratégias de ensino-aprendizagem;
- desenvolver atividades experimentais problematizadoras e contextualizadas para o ensino-aprendizagem.

Assim, iniciamos o conteúdo com uma apresentação geral dessas metodologias para, na sequência, analisá-las e elencar seus potenciais.

2.1 Principais metodologias no ensino de Biologia

Muitas metodologias podem fazer parte do processo de ensino-aprendizagem em Biologia. Organizar metodologicamente as aulas contribui para o bom desempenho da atividade docente e discente e, por isso, pensar em um "caminho" para essa organização contribui para o processo educacional. Diferentes conteúdos ou temas exigem diferentes métodos, portanto o professor precisa estar atento a estes ao elaborar suas aulas.

🔖 Vitaminas essenciais

No ensino de Biologia, as metodologias de cunho verbalístico, de memorização e reprodução do conteúdo, estiveram muito presentes nas salas de aula (ou ainda estão). Essas abordagens pouco ou nada contribuem para o efetivo aprendizado exigido para a prática cidadã da ciência (Krasilchik, 2005). Por isso, pesquisadores da área do ensino de Ciências, e do ensino em geral, propuseram diferentes metodologias para uma aprendizagem crítica e reflexiva.

Entre essas metodologias destacam-se os **momentos pedagógicos** (Delizoicov, Antotti e Pernambuco), a **pedagogia histórico-crítica** (Saviani e Gasparin), os **mapas conceituais e mentais** (Moreira e Buzan) e a **experimentação** (Angotti). Todas essas abordagens partem do princípio do **estudante como protagonista na construção do conhecimento**, deixando de lado o caráter de memorização dos conceitos científicos para exames ou vestibulares.

Ao conhecer essas propostas, os docentes podem desenvolver suas aulas com base no suporte teórico-metodológico por elas oferecido, bem como têm a oportunidade de aprofundá-las em pesquisas futuras para o ensino de Biologia.

2.1.1 Momentos pedagógicos

Os "momentos pedagógicos" para o Ensino de Ciências foram desenvolvidos por Delizoicov, Angotti e Pernambuco (2009) para traçar caminhos alternativos ao ensino tão livresco e pautado na memorização de nossas escolas. Como pesquisadores dessa área, os autores propuseram uma metodologia embasada em "momentos" – daí a expressão *momentos pedagógicos* –, com os quais é possível planejar uma aula, um tema, uma sequência didática ou um projeto de ensino. O método fundamenta-se em três desses momentos apresentados na Figura 2.1, a seguir.

Figura 2.1 – Divisão da metodologia dos momentos

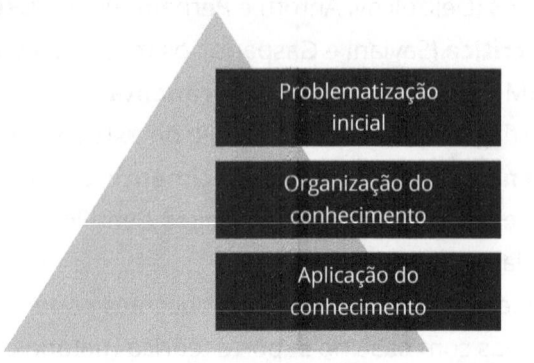

- Problematização inicial
- Organização do conhecimento
- Aplicação do conhecimento

A problematização inicial caracteriza-se como um **momento de discussão do grupo** para constituir um novo problema. Com ela, é possível observar as concepções dos estudantes sobre a situação abordada e estabelecer diretrizes a fim de buscar novos conhecimentos para a solução do problema que se propõe. Afirmam Delizoicov, Angotti e Pernambuco (2009, p. 200):

> Problematiza-se, de um lado, o conhecimento sobre situações significativas que vai sendo explicitado pelos alunos. De outro, identificam-se e formulam-se adequadamente os problemas que levam à consciência e necessidade de introduzir, abordar e apropriar conhecimento científico. Daí decorre o diálogo entre conhecimentos, com consequente possibilidade de estabelecer uma dialogicidade tradutora no processo de ensino/aprendizagem das Ciências.

Após a problematização do conteúdo, no segundo momento pedagógico ocorre a organização do conhecimento. Nessa etapa, segundo Delizoicov, Angotti e Pernambuco (2009, p. 201, grifo nosso), "**as mais variadas atividades são então empregadas**, de modo que **o professor possa desenvolver a conceituação** identificada como fundamental para uma **compreensão científica das situações problematizadas**". Aqui, diferentes estratégias, como as que serão apresentadas no Capítulo 3, podem ser utilizadas na mediação professor-estudante-tema (ou conteúdo): aulas práticas, debates, simulações, vídeos, aplicativos, textos, livro didático, entre outras.

Os dois primeiros momentos pedagógicos conduzem para o terceiro: a aplicação do conhecimento. Nele, o estudante torna-se capaz de fazer "o **uso articulado da estrutura do conhecimento científico com situações significativas**, envolvidas nos temas, para melhor entendê-las, uma vez que essa é uma das metas a serem atingidas com o ensino-aprendizagem das Ciências" (Delizoicov; Angotti; Pernambuco, 2009, p. 202).

O Quadro 2.1, a seguir, demonstra, resumidamente, os momentos pedagógicos propostos por Delizoicov, Angotti e Pernambuco (2009).

Quadro 2.1 – Características e atividades metodológicas dos momentos pedagógicos

Momento pedagógico	Característica	Atividades
Problematização	Etapa em que se problematiza a necessidade do estudante de se apropriar de determinado conhecimento científico.	Diálogo com os estudantes, levantamento das concepções prévias que eles apresentam sobre o tema. Realização de atividades orais ou escritas para esse momento, em pequenos ou grandes grupos.

(continua)

(Quadro 2.1 – conclusão)

Momento pedagógico	Característica	Atividades
Organização do conhecimento	Estudo sistemático do tema com propostas do professor e dos estudantes com o objetivo de resolver a problematização inicial.	Diversas fontes são selecionadas e trabalhadas em sala de aula para auxiliar na compreensão da problematização: textos, *sites*, vídeos, aulas práticas, visitas, saídas de campo, entre outras.
Aplicação do conhecimento	Articulação entre os conhecimentos científicos organizados na etapa anterior com situações significativas do cotidiano científico.	Discussões, debates, relatórios, quadros comparativos, construção de modelos, produção de *sites*, vídeos, entre outras.

Fonte: Elaborado com base em Delizoicov; Angotti; Pernambuco, 2009.

Ainda de acordo com Delizoicov, Angotti e Pernambuco (2009), a sociedade atual passa por transformações em razão das mudanças no mundo trabalho, dos avanços tecnológicos, das relações virtuais entre os indivíduos e dos desafios para a construção de uma escola democrática. Nesse contexto, os professores não contribuem apenas com sua formação acadêmica, mas também com sua visão de mundo ao lecionar as disciplinas escolares. Por isso, no ensino-aprendizagem das disciplinas científicas, especificamente da Biologia, a metodologia dos momentos pedagógicos pode constituir-se em uma alternativa àquelas meramente expositivas e de memorização de conceitos científicos.

2.1.2 Metodologia da pedagogia histórico-crítica

A pedagogia histórico-crítica, defendida por Saviani (1991, citado por Machado; Kaick, 2014, p. 4), "enfatiza o caráter disciplinar do currículo escolar, da escrita e do conhecimento científico, colocando a escola como mediadora entre o saber popular e o saber erudito, no sentido da [superação do primeiro]", visando à construção de conhecimentos pelos estudantes por meio da mediação escolar.

Segundo Gasparin (2002, p. 17),

> Os conteúdos reúnem dimensões conceituais, científicas, históricas, econômicas, ideológicas, políticas, culturais, educacionais que devem ser explicitadas e apreendidas no processo de ensino e aprendizagem. Os conteúdos não seriam apropriados como um produto fragmentado, neutro, a-histórico, mas como uma expressão complexa da vida material, intelectual, espiritual dos homens de um determinado período da história. Os conhecimentos científicos necessitam hoje ser reconstruídos em suas pluridetermiações, dentro das novas condições de produção da vida humana, respondendo, quer de forma teórica, quer de forma prática, os novos desafios propostos.

A metodologia da pedagogia histórico-crítica conta com algumas características similares à linha dos momentos pedagógicos. No entanto, ela elenca cinco etapas para a construção do conhecimento pelos estudantes, conforme a Figura 2.2, a seguir.

Figura 2.2 – Cinco etapas da metodologia histórico-crítica

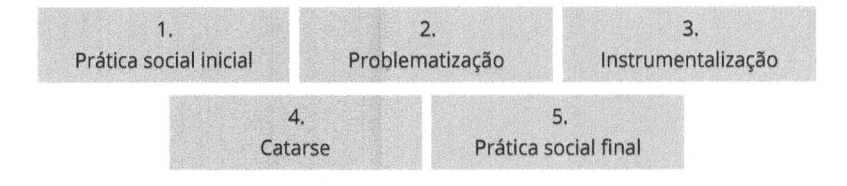

1. Prática social inicial	2. Problematização	3. Instrumentalização
	4. Catarse	5. Prática social final

Esse processo tem os seguintes objetivos:

> o debate em sala de aula, a problematização da prática social e a busca por conhecimentos (pesquisas, aulas práticas, leituras de artigos científicos, documentários, entre outras atividades) que atendam às necessidades do estudante enquanto sujeito de sua própria aprendizagem, desmistificando o conhecimento científico e conhecendo seu processo de produção na sociedade. (Machado; Kaick, 2014, p. 5)

A metodologia da pedagogia histórico-crítica tem por finalidade permitir que os professores, em sua sala de aula, adotem uma postura crítica de trabalho, planejem os conteúdos disciplinares em suas múltiplas dimensões: histórica, filosófica, cultural, política, econômica, conceitual etc., pois "através desses conhecimentos poderão propor mudanças, transformando a prática educativa em uma ação efetiva para que o ensino consiga transpor as dimensões do espaço escolar" (Gasparin; Petenucci, 2008, p. 2).

O Quadro 2.2, a seguir, apresenta a proposta de Gasparin (2002) e seus cinco passos para a elaboração de um plano de aula embasado nessa metodologia.

Quadro 2.2 – Passos da metodologia da pedagogia histórico-crítica

Passos	Etapas	Definição
1º	Prática social inicial	A prática social inicial, comum aos estudantes e professores, inaugura o diálogo, em sala de aula, sobre o conteúdo a ser abordado, possibilitando observar o domínio desses conteúdos pelos envolvidos no processo.
2º	Problematização	A problematização consiste no momento em que professor(a) e estudantes, problematizados, transformam o conteúdo em questões a serem investigadas.
3º	Instrumentalização	Nessa etapa, o(a) professor(a) atua como um(a) mediador(a) do processo de ensino-aprendizagem por meio de ações e recursos que contribuam com a busca de respostas à problematização, objetivando a apropriação do conhecimento científico em suas múltiplas dimensões. Aqui, a operação mental fundamental é a análise.
4º	Catarse	Nessa etapa, o estudante consegue fazer uma síntese entre o conhecimento que tinha e o novo, apropriado durante o processo de instrumentalização. Por isso, a operação mental dessa etapa é a síntese.
5º	Prática social final	Estudantes e professores passam de um estágio de menor compreensão do conteúdo para um de maior compreensão, conseguindo estabelecer conexões entre os saberes e compreendendo o conteúdo em sua totalidade. Para que isso se transforme em uma ação, os estudantes precisam aplicar esse conhecimento (exposições, *banners*, painéis, palestras para a comunidade, entre outras atividades).

Fonte: Elaborado com base em Gasparin, 2002.

O ensino de Biologia permite essa abordagem metodológica, pois auxilia professores e estudantes a ultrapassar a perspectiva meramente conceitual do conteúdo, organizando-o em múltiplas dimensões e caracterizando-o como histórico e social para além de um trabalho marcado pelo uso excessivo do livro didático e de aulas meramente expositivas.

2.4 Construção de mapas mentais e de mapas conceituais

Elaborar mapas conceituais e mentais pode ser uma alternativa metodológica interessante para o ensino-aprendizagem. Em uma área com grande presença de livros didáticos, assim como de aulas verbalísticas e de memorização, essa estratégia pode representar um grande avanço no ensino, na aprendizagem e na avaliação.

Construí-los com os estudantes contribui para o estudo dos conteúdos ou temas e para a apropriação do conhecimento, principalmente na Biologia, em que a queixa mais frequente dos alunos diz respeito aos nomes e conceitos encontrados.

Mas, afinal, o que são mapas mentais e conceituais? Como confeccioná-los em sala de aula? Na sequência, apresentamos brevemente um pouco da história dessas metodologias de ensino, bem como os procedimentos para sua construção.

2.4.1 Mapas conceituais

Os mapas conceituais foram criados por **Joseph Novak**, em 1970, com base na teoria da aprendizagem significativa proposta por David Ausubel, cuja teoria abordamos no capítulo anterior.

Trata-se de diagramas que indicam **relações entre conceitos** e podem seguir um modelo hierárquico com os conceitos mais inclusivos no topo, os subordinados no campo intermediário e os mais específicos na parte inferior (Moreira, 2011). É um método flexível, que pode ser utilizado para diversas finalidades: técnica didática, recurso de aprendizagem e meio de avaliação.

Figura 2.3 – Modelo de mapa conceitual sobre sua estruturação

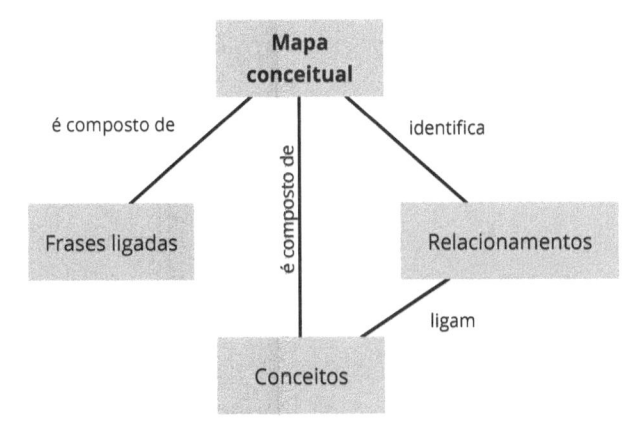

Fonte: Significado..., 2017.

Para Carabetta Júnior (2013), os mapas conceituais contribuem para a aquisição dos conhecimentos científicos por parte dos estudantes, bem como permitem que "temas geradores" os instiguem a buscar seus conhecimentos prévios e adquirir novos.

🔔 Sinapse

Os mapas de conceitos são formas gráficas e inter-relacionadas de organização dos conteúdos ou temas, partindo dos conceitos mais amplos para os mais específicos. Essa ideia permite ao estudante o envolvimento com os temas ou conteúdos, a revisão de conceitos e, ao mesmo tempo, a pesquisa de novos, necessários à construção do mapa. Além disso, e principalmente, viabiliza a construção de conceitos científicos principalmente em se tratando da Biologia.

Para Tavares (2007, p. 74-75),

> O aluno que desenvolver essa habilidade de construir seu mapa conceitual enquanto estuda determinado assunto, está se tornando capaz de encontrar autonomamente o seu caminho no processo de aprendizagem. Caso ele não consiga encontrar as respostas nas consultas ao material instrucional, ele ainda assim terá conseguido ter clareza sobre as suas perguntas, e desse modo já terá encaminhado a sua aprendizagem de maneira conveniente e segura. Pois quando se tem clareza das perguntas, ou das dúvidas, é mais fácil procurar ajuda de pessoas mais experientes.

Alguns autores de livros didáticos de Ciências do ensino fundamental e de Biologia do ensino médio já disponibilizam, ao final das unidades temáticas, mapas conceituais. Além disso, a construção desse recurso por parte dos estudantes é muito interessante, pois estimula a curiosidade, a pesquisa, a organização dos conceitos e a criatividade em sua apresentação.

💊 Vitaminas essenciais

Os mapas conceituais podem ser elaborados manualmente, elencando os conceitos ou palavras-chave de um tema e organizando-os com conectores. Hoje há programas gratuitos e disponíveis para essa função. Entre estes podemos destacar o **CMAPtools** e o **Mindomo**. O primeiro é uma ferramenta gratuita que permite abrir caixas com as ideias e criar vínculos ou conectivos entre elas. Há vídeos tutoriais na internet que demonstram como dominar o recurso. O segundo programa também é uma ferramenta gratuita que cria apresentações, compartilháveis em qualquer dispositivo, automaticamente. Há também outras opções, inclusive versões para *smartphone* na forma de aplicativos. A realidade educacional de atuação de cada docente determina a utilização manual para a construção dos mapas conceituais ou a mediação tecnológica destinada a esse processo.

Na Figura 2.4, a seguir, apresentamos um exemplo de mapa conceitual de um tema da Biologia: cadeias alimentares.

Figura 2.4 – Modelo de mapa conceitual sobre os componentes das cadeias alimentares

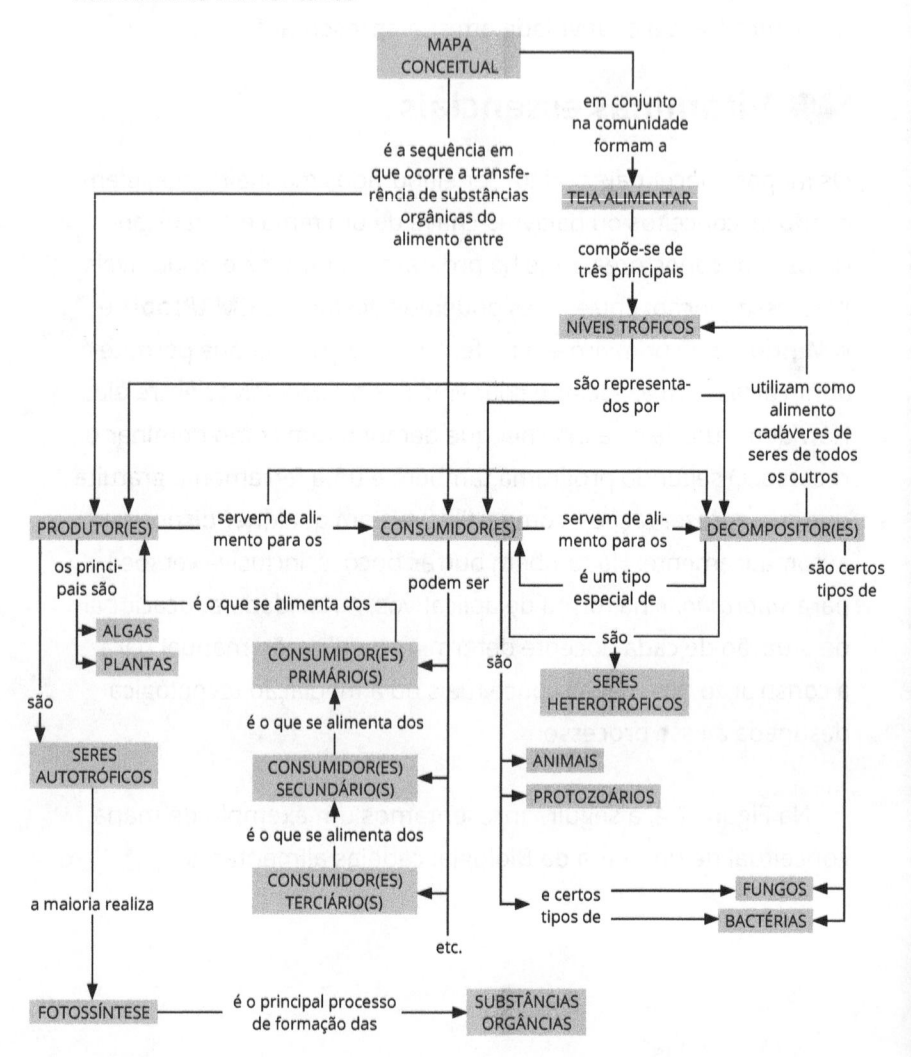

Fonte: Amabis; Martho, 2001, p. 215.

Observe, no mapa representado na Figura 2.4, os conceitos-chave e a maneira como estão relacionados. Trata-se de um mapa de conceitos hierárquico em que as informações do tema são apresentadas em uma ordem descendente, da mais abrangente até as mais específicas.

2.4.2 Mapas mentais

Os mapas mentais constituem-se em uma metodologia de ensino que potencializa a organização, a análise e a síntese dos conteúdos. São considerados uma atividade lúdica para o desenvolvimento do **pensamento lógico e criativo** dos estudantes. Segundo Keidann (2013, p. 3-4), os mapas mentais foram criados por **Tony Buzan**, nascido em 1942:

> Tony Buzan era um jovem que gostava de estudar. Ele nasceu em 02 de junho de 1942 e se constituía em um exímio observador do método de ensino utilizado pelos professores, o qual não apreciava nada; era maçante e o fazia desinteressar-se pelos conteúdos. Em seu primeiro ano de faculdade, ele apresentou sérias dificuldades para assimilar o conhecimento e ordenar suas ideias; estava inconformado. Começou então a estudar a arte de oratória dos gregos na antiguidade clássica e ficou fascinado com as técnicas de imaginação e desenvolvimento da associação que utilizavam.
> [...] Buzan pensou num método que pudesse ter seu modelo eficiente e aplicável a situações cotidianas e acadêmicas, respeitando as exigências da mente humana. Dessa forma, foi lapidando suas maneiras de estudar e desenvolvendo o *Mind Mapping*, um método simples e ao mesmo tempo brilhante de organização mental.

De uma necessidade de estudo, os mapas mentais idealizados por Buzan transformaram-se em uma metodologia de ensino-aprendizagem para a sala de aula. Expressar um tema ou conteúdo de forma hierárquica e, ao mesmo tempo, com clareza e objetividade utilizando-se, para isso, de recursos visuais contribui para a aprendizagem.

💊 Vitaminas essenciais

Os mapas mentais, ao contrário dos conceituais, não precisam ter conectivos entre as ideias e, por isso, apresentam um caráter mais lúdico. Partem de noções, cuja palavra principal fica no centro do mapa. A partir desta, derivam as noções relacionadas. Além disso, os mapas mentais podem trazer imagens e desenhos para ilustrar as ideias do tema em estudo.

A teoria da aprendizagem significativa de David Ausubel também fundamenta os mapas mentais. Em sua construção, os conhecimentos prévios dos estudantes funcionam como subsunçores para a ancoragem de novos conceitos.

Para Keidann (2013, p. 14), "Os mapas mentais quando bem elaborados conseguem unir várias qualidades importantes para a eficácia do ensino, como objetividade, atratividade e hierarquia de conhecimentos, fundamentando ordenadamente os saberes". No ensino de Biologia, diversos outros temas podem gerar bons mapas mentais produzidos e apresentados pelos estudantes.

Assim, Nunes et al. (2017, p. 2) afirmam: "Por meio de atividades recriadoras no ensino de Biologia, a construção do mapa mental como metodologia de ensino é relevante, tendo em vista que, esse instrumento de estudo vai possibilitar ao educador analisar e avaliar o conhecimento que os educandos possuem sobre o conteúdo escolar".

🔔 Sinapse

Da mesma maneira que os mapas conceituais, os mapas mentais podem ser construídos manualmente ou com auxílio de *softwares*. Entre estes podemos citar: **Mind Meister**, **MindNode**, **FreeMind**, **Freeplane**, **Mind Mapr**, **Coggle**.

Outros *softwares*, gratuitos ou não, também podem auxiliar na elaboração de mapas conceituais e mentais, dependendo da disponibilidade de tecnologias nas escolas e na comunidade de atuação profissional.

2.5 Experimentação

A experimentação consiste em uma metodologia de ensino interessante em Biologia. Por meio dela, os estudantes, diante de um problema, realizam atividades investigativas individuais ou em conjunto para resolvê-lo. Caracteriza-se por uma aprendizagem significativa e contextualizada dos conteúdos, bem como põe os estudantes em contato com os princípios e os métodos da ciência.

💊 Vitaminas essenciais

Segundo Lins et al. (2014, p. 84), "O ensino de Ciências Biológicas imbricado com a experimentação vem sendo, durante muito tempo, negligenciado por aqueles que 'fazem educação', fator que, dentre muitos outros, contribui para um ensino e aprendizagem deficientes". Por isso, para que essa negligência não ocorra nem nos estágios de formação, nem na prática como docente, a compreensão da experimentação como uma metodologia de ensino de Biologia torna-se fundamental.

Perius, Hermel e Kupske (2013), em pesquisas realizadas sobre a experimentação na escola básica, destacam que já é possível observar um avanço nesse aspecto – de uma mera comprovação de uma teoria para um modo que atrela os conhecimentos prévios dos estudantes aos momentos de reflexão mediados pelos professores de Biologia.

Colocar os estudantes em contato com os princípios e os métodos da produção científica não significa que farão o papel de cientistas na escola, mas que a mediação didática dos modos de fazer experimentações na ciência despertará neles a compreensão desse processo importante no desenvolvimento da humanidade.

Os estudantes, segundo Lins et al. (2014, p. 78), "costumam atribuir à experimentação um caráter motivador, lúdico, essencialmente vinculado aos sentidos. Por outro lado, não é incomum ouvir de professores a afirmativa de que a experimentação aumenta a capacidade de aprendizado, pois costuma envolver os alunos nos temas em pauta".

Partindo da premissa citada, a experimentação constitui-se como uma metodologia envolvente no processo de ensino-aprendizagem, porque parte de **contextualizações lúdicas**, **concretas**, **criativas**, permitindo a formação de conceitos e significados das ciências (Lins et al., 2014). Além disso, a experimentação contribui para "o contato direto com o material biológico e fenômenos naturais, incentivando o envolvimento, a participação e o trabalho em equipe" (Keller et al., 2011, p. 1).

💊 Vitaminas essenciais

Krasilchik (2005) explica a importância das experimentações no ensino de Biologia. Para a autora, as aulas de laboratório permitem que os estudantes tenham contato com os materiais e os métodos típicos da prática científica. Além disso, podem trabalhar em grupo, problematizar conteúdos, testar hipóteses e chegar ou não aos resultados esperados, utilizando a imaginação e o raciocínio, desde que sejam aulas problematizadoras, e não de instrução de atividades, para se chegar a um resultado predeterminado.

Nesse sentido, existem diferentes concepções de experimentação que permeiam a atividade docente. São elas: demonstrativa, empiricista-indutivista, dedutivista-racionalista e construtivista. O Quadro 2.3, a seguir, demonstra as características de cada concepção, assim como o papel do professor e do aluno.

Quadro 2.3 – Concepção de experimentação em diferentes contextos escolares

Concepção de experimentação	Concepção de ciência	Papel do aluno	Papel do professor
Demonstrativa	Uma verdade estabelecida.	Não tem participação ativa na experimentação, apenas ouve e observa a atividade experimental.	Detém o conhecimento absoluto da atividade e o total domínio na manipulação de equipamentos, técnicas e procedimentos.
Empiricista-indutivista	Alicerçada no paradigma positivista e que enfatiza a observação e a experimentação como fontes únicas de conhecimento.	Aprende por descoberta, observando e experimentando, tendo como base o método científico, de modo que o conhecimento particular transforma-se em generalização.	Apresenta as etapas do método científico para que os estudantes sigam em seus experimentos.
Dedutivista-racionalista	Considera que a observação e a experimentação, por si sós, não são capazes de produzir novos conhecimentos.	Compreende que os conhecimentos são produzidos em diferentes realidades históricas e sociais, descrevendo, entendendo e agindo sobre a realidade.	Demonstra para os estudantes que a ciência sofre influências do meio e o conhecimento produzido por ela está sempre sujeito a revisões.
Construtivista	O conhecimento é construído e reconstruído a com base em conceitos já existentes.	Fundamentalmente, discute, dialoga e trabalha em equipe na experimentação.	Incentiva a problematização, a pesquisa, o diálogo e a discussão dos resultados obtidos no contexto do experimento.

Fonte: Elaborado com base em Rosa; Rosa, 2010.

Por isso, ao propor uma experimentação, o docente precisa planejar a atividade dentro de uma concepção construtivista e, portanto, problematizadora, criativa e crítica, tendo como pressuposto a mediação entre professor, aluno e conhecimento científico. Para planejá-la não existe uma "receita" ou um "roteiro" prontos. Cada situação de ensino-aprendizagem leva a um planejamento diferente.

Sinapse

Alves Filho (2000) descreve que as atividades de cunho construtivista podem ter diferentes configurações e ser classificadas em diferentes categorias:

- atividade experimental histórica;
- atividade experimental de compartilhamento;
- atividade experimental modelizadora;
- atividade experimental conflitiva;
- atividade experimental crítica;
- atividade experimental de comprovação;
- atividade experimental de simulação.

Prescrição da autora

ALVES FILHO, J. de P. **Atividades experimentais**: do método à prática construtivista. 448 f. Tese (Doutorado em Educação) – Universidade Federal de Santa Catarina, 2000. Disponível em: <https://repositorio.ufsc.br/xmlui/handle/123456789/79015>. Acesso em: 20 mar. 2020.

José de Pinho Alves Filho, em sua tese, dedicou um capítulo a diferentes atividades experimentais de caráter construtivista. O texto está disponível no Banco de Teses da Universidade Federal de Santa Catarina. Todo o Capítulo 5 de seu trabalho é dedicado às novas abordagens de atividade experimental em sala de aula.

Para o autor citado, cada atividade experimental será uma transposição didática do professor ao contexto de ensino do tema em que está trabalhando e, por isso, cada categoria de experimentação construtivista terá diferentes enfoques de acordo com a realidade educacional.

Dessa maneira, as experimentações poderão (Krasilchik, 2005, p. 85): "despertar e manter o interesse dos alunos", "envolver os estudantes em investigações científicas", "desenvolver a capacidade de resolver problemas", "compreender conceitos básicos" e "desenvolver habilidades". Além disso, o ensino de Ciências e Biologia, pela via da experimentação, dá ao aluno a oportunidade de articular conceitos, desde que proporcione, como propõe a concepção construtivista, a discussão e a reflexão.

Síntese protéica

Demonstramos, neste capítulo, que o ensino de Biologia pode contar com uma série de metodologias em sala de aula. Por isso, apresentamos cinco metodologias diferenciadas que, na prática docente, podem contribuir para o planejamento e para uma aprendizagem efetiva dos conceitos biológicos por parte dos estudantes, em uma perspectiva problematizadora e dialógica.

Essas metodologias são bastante estudadas e desenvolvidas no ensino: artigos, dissertações e teses já foram amplamente elaborados com seus fundamentos epistemológicos. Conhecer essas abordagens e aprofundar-se no estudo delas, com certeza traz benefícios para a prática profissional do educador, bem como para a apropriação dos conhecimentos biológicos por parte dos alunos.

Prescrições da autora

Filme

O DESAFIO de Darwin. Direção: John Bradshaw. Canadá, EUA, Japão: Alliance of Canadian Cinema, 2010. 102 min.

Nesse filme, Charles Darwin, após suas observações diárias e sua expedição, escreve sua teoria, no interior de sua residência. No entanto, vive um conflito ético quanto a publicação delas. Casado com uma mulher muito religiosa, esses conflitos aumentam até que Darwin recebe uma carta de Alfred Wallace, naturalista com ideias e conclusões muito próximas às suas e, por esse motivo, não hesita em publicar sua Teoria da Evolução.

Livros

DELIZOICOV, D.; ANGOTTI, J. A.; PERNAMBUCO, M. M. **Ensino de ciências**: fundamentos e métodos. São Paulo: Cortez, 2009.

Nesse livro, os autores fundamentam os professores da educação básica para o ensino de Ciências da Natureza – Biologia, Física e Química. A preocupação dos autores está na compreensão de professores e futuros professores sobre a apropriação crítica do conhecimento científico pelos estudantes. Por isso, apresentam os três momentos pedagógicos para o ensino de Ciências, com fundamentação teórica e prática para o trabalho docente em sala de aula.

GASPARIN, J. L. **Uma didática para a pedagogia histórico-crítica**. Campinas: Autores Associados, 2002.
Embasado na obra de Dermeval Saviani, João Luiz Gasparin desenvolve e exemplifica, em seu livro, as etapas metodológicas da pedagogia histórico-crítica para um ensino que contemple os aspectos científicos, históricos, sociais, culturais, econômicos, entre outros, na abordagem dos conteúdos elaborados ao longo da história da humanidade. Trata-se de uma metodologia que prioriza os conhecimentos que os estudantes já tem sobre o tema e "aquilo" que precisam conhecer mais para realizar uma síntese do conteúdo. Assim, as principais etapas dessa metodologia são a problematização, a instrumentalização e a catarse (síntese) com objetivos de transformar o conhecimento do "senso comum" em conhecimento científico.

Publicação
RENBIO – Revista de Ensino de Biologia da Associação Brasileira de Ensino de Biologia. Disponível em: <https://sbenbio.org.br/categoria/revistas/>. Acesso em: 8 abr. 2020.
Revista sobre o ensino de Ciências que traz artigos interessantes e metodologicamente inovadores para o Ensino de Biologia.

Site
EENCI – Experiências em Ensino de Ciências. Revista de Ensino de Ciências. Disponível em: <http://if.ufmt.br/eenci/>. Acesso em: 8 abr. 2020.
Revista eletrônica com pesquisas relevantes sobre o ensino de Ciências no Brasil. Traz também edições temáticas para o ensino de Ciências, abordando temas como inclusão, educação de jovens e adultos, metodologias de ensino, teorias da aprendizagem, avaliação, entre outros.

Rede neural

1. Quais são os momentos pedagógicos propostos por Delizoicov, Angotti e Pernambuco (2009)?
   - **A** Apresentação do conteúdo, desenvolvimento da aprendizagem e análise final.
   - **B** Problematização, organização do conhecimento e aplicação do conhecimento.
   - **C** Escolha da tendência pedagógica, crítica ao conteúdo e problematização das conclusões.
   - **D** Problematização, análise da tendência pedagógica escolhida e discussão sobre as atividades realizadas.
   - **E** Nenhuma das anteriores.

2. Por que a metodologia da pedagogia histórico-crítica traz contribuições diferenciadas para o ensino de Ciências e Biologia?
   - **A** Porque está alinhada com preceitos da tendência pedagógica tecnicista.
   - **B** Porque visa exclusivamente à formação do aluno para o mercado de trabalho.

- **C** Porque se concentra única e tão somente nos conhecimentos biológicos, sem interferência de elementos sociais, culturais, políticos, econômicos, entre outros.
- **D** Porque, para além dos conhecimentos biológicos em si, ela aborda-os com o viés social, histórico, econômico, político, entre outros, deixando de lado a fragmentação proposta em metodologias meramente expositivas.
- **E** Todas as anteriores.

3. Sobre a metodologia dos momentos pedagógicos, analise as afirmativas a seguir e indique V para as verdadeiras e F para as falsas. Depois, assinale a alternativa que apresenta a sequência correta:

   ( ) A problematização inicial corresponde a um estágio de discussão do grupo para constituir um novo problema.

   ( ) Na aplicação do conhecimento, as mais variadas atividades são empregadas, de modo que o professor possa desenvolver a conceituação identificada como fundamental para uma compreensão científica das situações problematizadas.

   ( ) A organização do conhecimento é a etapa em que o estudante, com posse de novos conhecimentos, é capaz de compreender e intervir em várias situações de forma diferenciada, criativa, inovadora.

   - **A** F, F, F.
   - **B** F, V, V.
   - **C** V, V, V.
   - **D** F, F, V.
   - **E** V, V, F.

4. Analise as proposições a seguir sobre a experimentação no ensino de Biologia. Depois, assinale a alternativa correta:
   I) As atividades experimentais podem ser classificadas em diferentes categorias: atividade experimental histórica, atividade experimental de compartilhamento, atividade experimental modelizadora, atividade experimental conflitiva, atividade experimental crítica, atividade experimental de comprovação, atividade experimental de simulação.
   II) Colocar os estudantes em contato com os princípios e métodos da produção científica não significa que farão o papel de cientistas na escola, mas que, por meio dessa transposição didática, eles compreenderão esse processo tão importante no desenvolvimento científico e tecnológico da humanidade.
   III) A experimentação possibilita uma aprendizagem significativa e contextualizada dos conteúdos, bem como põe os estudantes em contato com os princípios e os métodos da ciência.
   A) Todas as alternativas são incorretas.
   B) Todas as alternativas são corretas.
   C) I e II são corretas.
   D) II e III são corretas
   E) I e III são corretas.

5. Mapas conceituais são utilizados no ensino de Ciências e Biologia como uma metodologia de aprendizagem significativa para os estudantes. Sobre eles, é correto afirmar:
   A) São esquemas de ideias cuja palavra principal fica no centro do mapa e se irradia nas ideias relacionadas.
   B) São diagramas que indicam as relações entre ideias, podendo seguir um modelo hierárquico com os conceitos

mais inclusivos posicionados no topo; os conceitos subordinados, no campo intermediário; e os conceitos mais específicos, na parte inferior.

C São atividades de transposição didática nas quais os professores demonstram um fenômeno, uma técnica ou um indivíduo de uma espécie para os estudantes.

D São atividades realizadas em laboratório que despertam o interesse do estudante em investigações científicas em razão de seu aspecto prático.

E São utilizados para a aprendizagem baseada em problemas de investigação científica.

Biologia da mente

Análise biológica

1. Os momentos pedagógicos são muito utilizados em sequências didáticas para o ensino de Ciências. Leia o artigo "Os três momentos pedagógicos como possibilidade para inovação didática", de Abreu, Ferreira e Freitas (2017), e reflita sobre as potencialidade e limitações de um planejamento utilizando essa metodologia para o ensino de Biologia.

2. A experimentação caracteriza-se como uma atividade de ensino que estimula a curiosidade, a pesquisa e o contato com as técnicas de laboratório. Pesquise uma atividade de experimentação e descreva como sua utilização em sala de aula pode contribuir como estímulo à aprendizagem científica.

No laboratório

1. A evolução é um tema muito relevante e integrador no ensino de Biologia. A construção científica desses conhecimentos passou por muitas pesquisas até chegarmos aos que temos hoje. Assista ao filme *O desafio de Darwin*, indicado na seção "Prescrições da autora" deste capítulo, e organize um planejamento de aula nos três momentos pedagógicos propostos por Delizoicov, Angotti e Pernambuco (2009). Lembre-se de que o filme poderá auxiliar na construção da problematização e na organização do conhecimento.

2. Você já verificou as diferenças entre mapas mentais e conceituais. Leia o capítulo de um livro didático de Biologia, adotado em uma escola de ensino médio da cidade onde você reside, e elabore um mapa mental ou conceitual. Você poderá produzi-lo manualmente ou utilizando um *software* entre os citados neste capítulo.

CAPÍTULO 3

ESTRATÉGIAS E RECURSOS PARA O ENSINO DE BIOLOGIA,

Estrutura da matéria

No que se refere ao ensino de Biologia, mesmo que tenham contato com as tendências pedagógicas e as metodologias disponíveis para um ensino criativo e reflexivo, muitas vezes, os professores ficam em dúvida sobre os principais recursos e estratégias que podem contribuir com aulas dinâmicas e contextualizadas, cujo objetivo seja sempre a aprendizagem dos estudantes.

Vitaminas essenciais

No ensino de Biologia, consideramos recursos as ferramentas que o professor pode utilizar para ensinar, como quadro de giz, textos de divulgação científica, vidrarias de laboratório, microscópios, *smartphones*, aplicativos, projetores, *smart TV*, mapas didáticos, maquetes, entre outros, disponíveis em cada realidade escolar.

Já por *estratégias didáticas* compreendemos as diferentes aplicações de recursos, meios e condições de ensinar. Elas contribuem para o processo de ensino-aprendizagem e podem ser escolhidas de acordo com os estudantes, o tempo disponível para as aulas, os recursos acessíveis e os objetivos de ensino a serem atendidos em determinado tema ou conteúdo.

Por isso, neste capítulo, apresentamos as principais estratégias didáticas para o ensino de Biologia, os recursos necessários para cada uma delas, bem como as potencialidades e as limitações pedagógicas de cada uma.

3.1 Aulas expositivas e debates

As aulas expositivas e os debates contribuem com a expressão de ideias por professores e estudantes. As primeiras priorizam a exposição dos docentes, ao passo que os debates permitem o diálogo de ideias, a argumentação e a conclusão sobre temas variados. Nesse sentido, conheceremos um pouco mais sobre essas estratégias de ensino.

3.1.1 Aulas expositivas

As aulas expositivas consistem em uma das estratégias didáticas mais utilizadas no ensino de Ciências e Biologia. Muitas vezes, em razão do espaço físico, da quantidade de estudantes por turma, da falta de laboratório e do tempo escolar, esse modelo acaba sendo a única estratégia utilizada pelos professores. Basta lembrarmos, conforme a formação básica de cada um, o número de aulas desse tipo com o qual nos deparamos e como elas permitiram ou não a apropriação efetiva de conceitos científicos.

Para Leão e Randi (2017, p. 12.178),

> Em pleno século XXI, embora diversas metodologias educacionais tenham sido desenvolvidas e estejam disponíveis a professores e estudantes, as antigas continuam fortemente presentes. A exposição verbal, uma técnica de ensino expressa e conhecida pela aula expositiva, mesmo se consideramos as tecnologias educativas contemporâneas como o *datashow*, tem origens antigas e foi um dos suportes da velha pedagogia tradicional. A pedagogia tradicional se baseia principalmente na exposição

verbal da matéria ou uma demonstração, onde [sic] tanto a exposição quanto a análise são feitas pelo professor.

Já para Krasilchik (2005, p. 78), "A aula expositiva – modalidade didática mais comum no ensino de Biologia – tem como função informar os alunos. Em geral os professores repetem os livros didáticos enquanto os alunos ficam passivamente ouvindo". Essa dinâmica faz com que o ensino seja verbalístico e livresco, ideia tão combatida por teóricos construtivistas e socioculturais, entre eles Paulo Freire. Para o educador brasileiro (Freire, 2014a), a aula não pode se transformar em um "monólogo" – ao contrário, ela deve ser um **diálogo** fundamental entre os sujeitos que ensinam e aprendem.

Por isso, esse modelo em que o professor disserta sobre um assunto por horas e horas, precisa transformar-se em uma estratégia pontual para a introdução de temas novos, orientações de pesquisa, sínteses de temas ou conteúdos, bem como para a transmissão de experiências do professor sobre aquela questão, tanto vivências cotidianas quanto acadêmicas.

Sinapse

Uma das vantagens das aulas expositivas é que elas precisam de **poucos recursos** para ocorrer. Basta que os estudantes estejam em sala com o professor dissertando sobre algo, muitas vezes em um número elevado de alunos. Outro fator é a **segurança** que ela confere aos professores, pois desestimula o questionamento e o debate em sala. Talvez, por esse motivo, "em pleno século XXI, a aula expositiva ainda é a modalidade didática mais utilizada, com sua origem fortemente arraigada a um modelo de educação tradicional e tecnicista" (Leão; Randi, 2017, p. 12.177).

Por conta disso, Leão e Randi (2017) sugerem diferentes estratégias para que esse formato no ensino de Biologia seja menos frequente, como jogos, construção de modelos e organização de cartazes.

Por outro lado, Krasilchik (2005, p. 80) explica que "uma aula expositiva, dada por um bom professor, pode ser uma experiência informativa divertida e estimulante, mas, infelizmente, na maioria dos casos, é cansativa e pouco contribui para a formação dos alunos".

Madeira (2015) propõe uma reconfiguração desse modelo nas salas de aula, demonstrando situações didáticas em que ele se torna eficaz, tais como sua associação com as dinâmicas de grupo, com as tecnologias educacionais, com os estudos dirigidos, com a dramatização, com a pesquisa, enfim, com outras estratégias que tornem a aula um momento descontraído que instiga a curiosidade, a reflexão, a pesquisa e, sobretudo, a construção significativa de conhecimentos.

Sinapse

Uma estratégia mais adequada seria a aula expositiva dialogada. Nelas, sim, professores e estudantes dialogam, trocam ideias e buscam soluções para as problematizações e os desafios do conhecimento científico proposto em sala de aula. Há possibilidades de ampliar as discussões enfocando sempre em um processo estruturado de diálogo.

Nas aulas expositivas dialogadas, ocorre uma participação ativa dos estudantes, e o professor, por sua vez, atua como um mediador do processo. Ao contrário do monólogo e da dissertação do modelo tradicional, docentes e discentes participam da construção coletiva de conhecimentos, fato que possibilita a compreensão do próprio saber científico como mutável e sujeito a questionamentos.

Entretanto, para que essa estratégia não se transforme em um bate-papo informal, o educador precisa planejar a aula, valorizar a participação dos alunos com suas reflexões, suas vivências e seus pontos de vista e, inclusive, recapitular e aprofundar temas sociocientíficos que venham a surgir em sala de aula.

Coimbra (2016, p. 41) propõe aulas expositivas dialogadas em uma perspectiva freiriana, em que se buscam

> processos relacionais mais complexos, nos quais as ações dos educadores e educandos possam superar as ações de dar e assistir passivamente as tradicionais aulas expositivas, recorrendo a outras estratégias que permitam a ação ativa do educando, favorecendo-lhe [sic] a construção e a real apreensão do conhecimento.

Sinapse

Para Coimbra (2016), a metodologia dialética, baseada nas ideias de Paulo Freire, caracteriza-se por três momentos durante as aulas: mobilização para o conhecimento, construção do conhecimento, sistematização do conhecimento.

Dessa forma, ao organizar uma aula expositiva dialogada, em uma metodologia dialética, Coimbra (2016) propõe passos não rígidos e, portanto, passíveis da flexibilidade ao planejar.

São eles: a inspiração, a problematização, a reflexão, a transpiração – esforço para que o aprendizado ocorra – e a síntese. Para a autora, esses passos contribuem para a dinâmica das aulas expositivas dialogadas, tendo por princípios o respeito ao contexto cultural do educando, o diálogo, a problematização, a reflexão, a ação e o conhecimento como algo compartilhado.

Assim, há momentos para fazer uso das aulas apenas expositivas e das aulas expositivas dialogadas, cabendo aos professores a tarefa de conhecer o contexto educativo em que atuam e identificar quando essas estratégias demonstram ser eficientes para o ensino-aprendizagem.

3.1.2 Debates

A biologia é uma ciência dinâmica que, nas últimas décadas, tem apresentado à sociedade muitos conhecimentos novos, advindos principalmente da biologia molecular e celular, da genética e da ecologia, áreas dotadas de pesquisas inovadoras, mas que despertam reflexões de caráter tanto moral quanto ético.

Assim, o debate como estratégia didática contribui para a formação dos jovens estudantes da escola básica, na medida em que, segundo os Parâmetros Curriculares Nacionais para o Ensino Médio (PCNEM) (Brasil, 2000, p. 14-15), são objetivos do ensino de Biologia na contemporaneidade:

> O conhecimento de Biologia deve subsidiar o julgamento de questões polêmicas, que dizem respeito ao desenvolvimento, ao aproveitamento de recursos naturais e à utilização de tecnologias que implicam intensa intervenção humana no ambiente, cuja avaliação deve levar em conta a dinâmica dos ecossistemas,

dos organismos, enfim, o modo como a natureza se comporta e a vida se processa.

O desenvolvimento da Genética e da Biologia Molecular, das tecnologias de manipulação do DNA e de clonagem traz à tona aspectos éticos envolvidos na produção e aplicação do conhecimento científico e tecnológico, chamando à reflexão sobre as relações entre a ciência, a tecnologia e a sociedade. Conhecer a estrutura molecular da vida, os mecanismos de perpetuação, diferenciação das espécies e diversificação intraespecífica, a importância da biodiversidade para a vida no planeta são alguns dos elementos essenciais para um posicionamento criterioso relativo ao conjunto das construções e intervenções humanas no mundo contemporâneo.

Em concordância com a afirmação estabelecida nos documentos oficiais da educação básica, Altarugio, Diniz e Locatelli (2010, p. 26) destacam:

> Desde o momento em que a nossa legislação de ensino estabeleceu como função geral da educação a formação para a cidadania, o aprendizado das ciências tem crescido em importância e se efetivado como um conhecimento necessário e indispensável para uma participação ativa dos indivíduos na vida social.

Por isso, os autores propõem o debate como estratégia didático-pedagógica essencial na formação integral dos estudantes. Esse modelo foge das tradicionais aulas expositivas e verbalísticas discutidas anteriormente, na medida em que o professor disserta sobre algo e, com o debate, conduz a pesquisa de temas sociocientíficos de interesse atual das sociedades, os quais exigem posturas fundamentadas e críticas dos cidadãos. Além disso, um debate bem planejado auxilia no desenvolvimento de competências e habilidades como a reflexão, a argumentação, a oralidade, a capacidade de ouvir e respeitar opiniões diferentes das suas.

💊 Vitaminas essenciais

Debater significa "Discutir apresentando argumentos; contestar, polemizar: debater uma questão" (Debater, 2020). Isso não significa que os estudantes colocarão seus pontos de vista ingênuos e que o professor ficará apenas ouvindo. Ao contrário, a dinâmica do debate exige um planejamento e uma postura de mediação por parte do educador. Já aos estudantes será importante a pesquisa e a construção de argumentos para defender ou contradizer as ideias expostas pelos grupos. Altarugio, Diniz e Locatelli (2010) explicam que essa atividade valoriza os conhecimentos prévios dos alunos, ao mesmo tempo que incentiva a leitura e a pesquisa, possibilitando que eles saiam de uma postura passiva e assumam uma abordagem ativa e participativa.

Além disso, as discussões referentes ao caráter de ciência, tecnologia e sociedade (CTS) no ensino de Biologia podem ser incorporadas às aulas, uma vez que, na contemporaneidade, seus objetivos na educação básica enfatizam a formação cidadã e de atuação ativa em temas controversos. Segundo Scheid (2011, p. 66),

> Para abordar de forma adequada assuntos controversos no ensino de ciências, tais como: a aplicação prática dos conhecimentos da biologia molecular, a experimentação em animais e a problemática ambiental, o professor de ciências precisa, além dos conhecimentos advindos da Biologia *stricto sensu*, de

conhecimentos de bioética, uma novíssima área que precisa integrar os currículos de sua formação

No ensino de Biologia, alguns temas controversos que incitam bons debates, entre outros, seriam:

- a clonagem;
- as células-tronco;
- a produção e o consumo de organismos geneticamente modificados (OGM);
- a terapia gênica;
- a utilização de animais em experimentação;
- as doenças negligenciadas;
- o ser humano e as alterações ambientais;
- os biocombustíveis;
- a manipulação genética.

Cabe aos professores, após um diagnóstico prévio das características de seus estudantes e de seus conhecimentos prévios, planejar aulas em que o debate, como estratégia didática bem explorada, "poderá ser aproveitado com vantagens para professores e alunos, na medida em que atende ao conjunto de posturas e ações educativas para um aprendizado significativo das ciências e, ao mesmo tempo, possibilita cumprir com o objetivo de formar o jovem cidadão" (Altarugio; Diniz; Locatelli, 2010, p. 30).

3.2 Demonstrações, simulações e aulas práticas

Outras estratégias didáticas interessantes para o ensino de Biologia são as demonstrações, as simulações e as aulas práticas. A inclusão dessas abordagens é importante porque esses recursos viabilizam aos estudantes processos de construção do conhecimento científico, bem como proporcionam o contato com os elementos da cultura científica, que, quando trabalhados de forma a induzir os alunos à pesquisa e à argumentação, conduzem à alfabetização científica.

Essas três atividades apresentam as características em comum ora citadas e outras bem peculiares a cada uma delas, como veremos na sequência.

3.2.1 Demonstrações

As demonstrações são atividades de transposição didática nas quais os professores demonstram fenômenos, técnicas ou indivíduos de uma espécie para os estudantes. Elas devem ser visíveis a todos os alunos e realizadas com materiais simples disponíveis na escola. Esse método apresenta certas vantagens (Krasilchik, 2005):

- economia de tempo;
- economia de material (apenas o material para uma demonstração, mesmo que as classes escolares sejam numerosas);
- garantia de que todos observarão o fenômeno.

Como desvantagens, podemos citar:

- passividade dos estudantes;
- apenas o professor manipula os materiais.

Uma alternativa às demonstrações realizadas pelo professor, e que resultam na passividade dos estudantes, seria eles próprios realizarem as demonstrações e, com a disponibilidade atual de tecnologias digitais (assunto que discutiremos no Capítulo 5), utilizarem *smartphones* para a produção de pequenos vídeos, de diferentes demonstrações para ser apresentadas em sala de aula. Isso contribuiria para a pesquisa, a leitura, a escrita e a argumentação dos discentes no processo de aprendizagem de Biologia.

Sinapse

Ainda é importante enfatizar que a utilização de demonstrações é interessante quando não se dispõe de materiais de suficientes, quando estes são de alto custo, quando há risco de manipulação de reagentes que podem ferir os estudantes, quando as turmas são muito numerosas ou, ainda, quando o tempo da aula é pequeno e o professor apenas deseja utilizar a demonstração como uma ilustração à problematização do tema tratado na ocasião, sendo uma estratégia motivadora e possibilitadora de boas discussões sociocientíficas.

3.2.2 Simulações

As simulações são estratégias didáticas em que uma situação – seja macroscópica, seja microscópica – é representada tal como ocorre em meio natural. Aproximam-se dos acontecimentos reais e permitem aos estudantes, além da simples observação direta, a modificação das situações da simulação (variáveis), possibilitando resultados diferenciados de acordo com o que for proposto.

💊 Vitaminas essenciais

Entende-se por *simulação* a modelagem de um processo ou sistema, por meio da imitação de seu funcionamento, bem como de seus processos e produtos porventura obtidos no decorrer da atividade. Tendo em vista que, em biologia, muitos sistemas são estudados, simular o comportamento dessas estruturas revela-se uma atividade interessante, que permite o levantamento de hipóteses, a testagem, a obtenção de resultados e conclusões, aproximando-se muito das etapas do método científico, um dos estágios da pesquisa científica.

Atualmente, existem muitos exercícios de simulação disponíveis *on-line*. No entanto, como ressaltam Gregório, Oliveira e Matos (2016), os estudos com simuladores na Biologia ainda são escassos, ao contrário da Física, em que estão mais aprofundados e fundamentados.

Na docência em Biologia, conhecer esses simuladores e inseri-los na prática de sala de aula pode trazer resultados interessantes no que diz respeito aos conceitos abstratos macroscópicos ou microscópicos que fazem parte da disciplina, bem como à mediação e potencialização de situações de ensino--aprendizagem amparadas pelas tecnologias da informação e comunicação (TIC).

💊 Vitaminas essenciais

Gregório, Oliveira e Matos (2016) utilizaram o **PhET** da Universidade do Colorado para o ensino de síntese proteica, considerando, pelos resultados obtidos em sua pesquisa, satisfatória a aprendizagem dos estudantes com a mediação do simulador, visto que se trata de um conteúdo bastante abstrato para os estudantes do ensino médio.

No PhET, há uma lista de simulações de biologia, como o alongamento do DNA, os canais de membranas, o ato de comer e exercitar-se, os fundamentos da expressão gênica, o funcionamento do neurônio, o processo de seleção natural, a visão de cores, entre outros. São recursos gratuitos e que podem envolver os estudantes na atividade, relacionando-os com a pesquisa e a elaboração de relatórios de aprendizagem (PhET, 2020).

Uma dessas simulações diz respeito ao transporte de moléculas pela membrana plasmática. Conforme se altera o meio intracelular e extracelular, as moléculas comportam-se de formas diferenciadas, tal como ocorre na difusão e na osmose (PhET, 2020).

Além das simulações, o PhET também disponibiliza, para cada tema proposto, uma série de atividades que podem ser desenvolvidas com os estudantes na mediação de um processo de ensino-aprendizagem.

Considera-se interessante, para o estudante de Biologia, entrar em contato com essa plataforma, bem como pesquisar outras, preferencialmente de livre acesso, visto que recursos dessa natureza ampliam as possibilidades de utilização tanto por parte dos docentes quanto dos discentes.

Outra atividade de simulação interessante para o ensino, dessa vez de Ecologia, é o jogo **Calangos**. Ele foi modelado no Brasil e simula as condições de vida de um lagarto nas dunas do Alto São Francisco. A simulação do jogo incita o estudante a adequar variáveis para a sobrevivência individual, em uma primeira fase, e para a sobrevivência da população, nas posteriores, inserindo situações-problema que auxiliam na construção dos conceitos ecológicos e evolutivos (Calangos, 2020).

O **Banco Internacional de Objetos Educacionais (BIOE)** (Figura 3.1) também disponibiliza simulações para o ensino de Biologia. São objetos educacionais de acesso livre e licença Creative Commons, facilitando a exploração dos recursos em qualquer região e escola. Oliveira (2017, p. 1), em seus estudos sobre as animações e simulações disponíveis no BIOE para o ensino de Biologia, concluiu que há vários objetos educacionais de caráter interacionista e construtivista "que oferecem excelentes oportunidades para a ampliação de saberes e exploração criativa e investigativa por parte dos estudantes".

Figura 3.1 – Visão geral do Banco Internacional de Objetos Educacionais

Fonte: BIOE, 2020.

Dessa maneira, pesquisar simulações e inseri-las no planejamento das aulas pode contribuir para a apropriação de conteúdos, principalmente aqueles de caráter mais abstrato, por parte dos estudantes. Oliveira (2017) conclui afirmando que a maioria dos autores se preocupa, quando do desenvolvimento de um objeto educacional, com a simulação, com o processo interativo de ensino-aprendizagem, a fim de desenvolver uma aprendizagem significativa, e não de mera memorização.

3.2.3 Aulas práticas

As aulas práticas são uma riquíssima estratégia de ensino para envolver os estudantes na investigação científica, transpondo o processo experimental que ocorre em laboratórios para atividades de aprendizagem em sala de aula. Do mesmo modo que as outras estratégias, precisa ser planejada de acordo com os recursos materiais e humanos disponíveis no espaço escolar.

Lima e Garcia (2011, p. 202) afirmam que "as aulas práticas de laboratório vêm sendo utilizadas (ainda que de forma tímida) como complemento para ajudar na compreensão das aulas teóricas e para gerar nos alunos um entendimento mais abrangente dos conteúdos", conciliando teoria e prática, simultaneamente, no processo de ensino-aprendizagem.

Krasilchik (2005) considera que as aulas práticas têm a capacidade de despertar o interesse dos estudantes pelas ciências, envolvendo-os em investigações científicas com a finalidade de resolver problemas, ao mesmo tempo que permitem que os alunos compreendam conceitos básicos e desenvolvam habilidades sociocientíficas.

🔌 Sinapse

As aulas práticas podem ser desenvolvidas sob diferentes perspectivas, conforme indica a Figura 3.2 (Krasilchik, 2005), a seguir.

Figura 3.2 – Perspectivas das aulas práticas

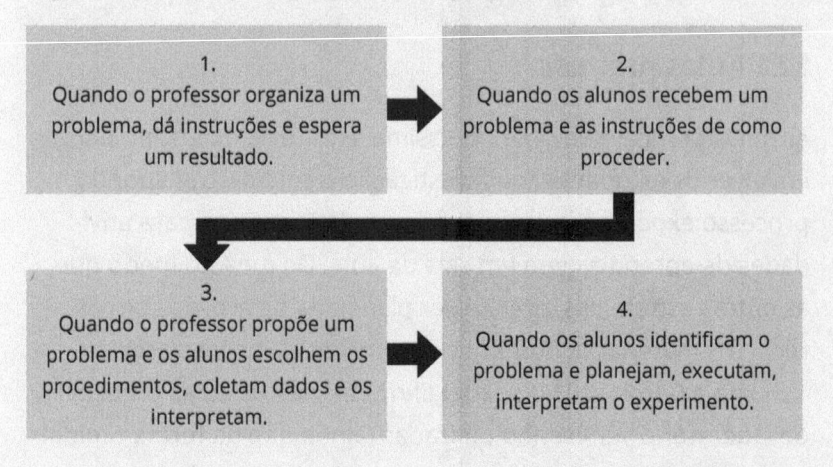

1. Quando o professor organiza um problema, dá instruções e espera um resultado.

2. Quando os alunos recebem um problema e as instruções de como proceder.

3. Quando o professor propõe um problema e os alunos escolhem os procedimentos, coletam dados e os interpretam.

4. Quando os alunos identificam o problema e planejam, executam, interpretam o experimento.

Assim, percebe-se que, nas diferentes perspectivas, o planejamento pode transformar-se em um "guia tradicional", um "guia semiaberto" ou um "guia aberto". As aulas práticas com um "guia tradicional" não desenvolvem a autonomia dos estudantes, nem na busca dos caminhos para a solução de problemas, nem no vislumbre de resultados diferenciados que podem ocorrer.

Por isso, ao planejar uma aula prática, os professores precisam optar por orientações mais abertas ou totalmente abertas, que favoreçam a elaboração de hipóteses, a troca de ideias, a busca de metodologias alternativas para a experimentação. Somente dessa maneira as aulas práticas podem contribuir para a familiarização dos estudantes com a metodologia científica e com a visão da ciência histórica e social.

Além disso,

> As aulas de laboratório têm um lugar insubstituível nos cursos de Biologia, pois desempenham funções únicas: permitem que os alunos tenham contato direto com os fenômenos, manipulando materiais e equipamentos e observando os organismos. Na análise do processo biológico, verificam concretamente o significado da variabilidade individual e consequentemente a necessidade de se trabalhar sempre com grupos de indivíduos para obter resultados válidos. Além disso, somente nas aulas práticas os alunos enfrentam resultados não previstos, cuja interpretação desafia a imaginação e o raciocínio. (Krasilchik, 2005, p. 86)

Na mesma linha defendida por Krasilchik (2005), Alves et al. (2015, p. 7) afirma "que outra potencialidade da aula prática, quando bem desenvolvida, é a de demonstrar aos alunos o verdadeiro significado da ciência, ao promover a humanização do cientista e a reflexão de que a ciência não é imutável".

Nesse sentido, planejar aulas práticas com o objetivo de desenvolver a autonomia dos estudantes, ao colocá-los em contato com os procedimentos da ciência, constitui um desafio para o docente, exigindo leituras e pesquisas relacionadas às maneiras de transformar a aula prática em um processo, e não apenas em mera atividade demonstrativa.

🧠 Sinapse

Muitas pesquisas na área de ensino de Biologia têm surgido sobre essa questão. A maioria delas, seja em apresentações de congressos e simpósios, seja em publicações em revistas, contribui para formar um parâmetro de como essa estratégia precisa ser desenvolvida em nossas escolas. Essas pesquisas são unânimes em afirmar a importância de aulas práticas de caráter aberto, nas quais os estudantes podem levantar situações-problema, buscando hipóteses e soluções para tais eventos. Assim, o desafio para os professores está em orientar os estudantes, começando, talvez, com problemas detectados pelo educador até que os alunos consigam observá-los e testá-los na prática, porque

> Tornar o ensino prazeroso não deveria depender exclusivamente de estruturas e equipamentos. Aulas práticas diferentes e inovadoras, que motivem os alunos a pensar e construir seus conhecimentos podem ser feitas a todo o momento, e em qualquer lugar, no pátio da escola, em contato com a natureza, em reflexões sobre o funcionamento do nosso próprio corpo durante o nosso dia. Os próprios alunos poderiam opinar a respeito daquilo que gostariam de ter em uma aula prática e pode ser simples dar isso a eles. O fato de não estar em uma sala de aula convencional, apenas ouvindo o professor **transmitir** o conteúdo, já é, sem dúvida, um grande estímulo a aprendizagem. (Lima; Garcia, 2011, p. 213, grifo do original)

3.3 Saídas de campo e projetos de iniciação científica na escola básica

Na escola básica, as saídas de campo e os projetos de iniciação científica (IC) são atividades que colocam os estudantes em contato direto com os objetos de estudo e, por isso, contribuem para sua aproximação aos métodos por meio dos quais a ciência é produzida e também divulgada.

Vitaminas essenciais

As saídas de campo ou aulas de campo são atividades que instigam a **curiosidade** dos estudantes quanto ao local a ser explorado. Podem ser locais próximos à escola, como parques, praças, rios ou, até mesmo, regiões um pouco mais distantes, dependendo da sua disponibilidade e dos seus recursos. Ambas alternativas podem trazer boas problematizações de temas a serem apropriados pelos estudantes.

Já a IC, muito utilizada nos cursos de graduação, vem-se estendendo para a educação básica e trazendo bons resultados de pesquisas realizadas por estudantes tanto do ensino fundamental quanto do médio ou do profissionalizante. Ela contribui para promover o contato com o **fazer** ciência, estimulando, inclusive, o desenvolvimento da alfabetização científica e o interesse pelas carreiras científicas.

3.3.1 Saídas de campo

Saídas de campo, excursões ou *atividades de visitação* são alguns termos utilizados para definir a estratégia de ensino-aprendizagem cujo objetivo principal reside em colocar os estudantes em contato com o meio, natural ou não, para uma percepção real que ultrapasse as paredes da sala de aula.

Segundo Krasilchik (2005) e Zanini e Porto (2015), ainda são poucos os professores que utilizam essa forma de estratégia didática, especialmente por conta de alguns impeditivos como a quantidade de estudantes em cada classe, os entraves burocráticos e a prática isolada do professor da disciplina. No entanto, "quando se pensa num ensino de qualidade, sobretudo em Ciências, é indispensável um planejamento que articule trabalhos de campo com as atividades desenvolvidas em classe" (Viveiro; Diniz, 2009, p. 2).

Sinapse

As saídas de campo precisam ser compreendidas como uma atividade que complementa os estudos de sala de aula e incentiva estudos posteriores, ao gerar indagações durante a atividade por meio de diversas observações feitas pelos estudantes. Além disso, elas possibilitam a busca de informações em fontes variadas, abrem espaços de trabalhos interdisciplinares na sala de aula, desenvolvem o companheirismo, bem como ampliam os aspectos afetivos e emocionais entre discentes e docentes.

Ao pensar em uma saída de campo, o professor de Biologia precisa delimitar o tema de estudo para que a atividade não se transforme em mera visitação. Os objetivos da atividade precisam ser claros. É importante que ele agregue ao seu trabalho outros educadores, procurando um planejamento interdisciplinar.

Assim, o **planejamento** é a primeira etapa para o sucesso de uma saída de campo. O professor deve considerar nessa etapa o local, os custos, o funcionamento do espaço para receber visitas e as autorizações dos responsáveis pelos alunos.

Em uma segunda etapa, o professor (ou os professores – preferencialmente, para tornar a atividade não fragmentada e o mais interdisciplinar possível) deve atentar para os **materiais de uso pessoal** – protetor solar, repelente, tipo de vestimenta adequada, água, câmeras fotográficas ou *smartphones* para registros em foto, material de anotação etc. –, assim como para os **materiais de uso coletivo** – sacos de coleta de lixo, alimentação etc.

Em uma terceira etapa, após a saída de campo, é necessária uma **sistematização da atividade** com as análises dos resultados encontrados nas observações, nas anotações e nos registros fotográficos. Nessa etapa, o educador deve valorizar as indagações e as colocações dos estudantes sobre as observações realizadas, promovendo rodas de discussão nas quais todos possam posicionar-se diante do tema de estudo, bem como apresentar os resultados da saída de campo. Essa exposição de resultados pode ser feita com produções de painéis, informativos, vídeos, charges, relatórios, entre outros trabalhos, dependendo da realidade de atuação.

A última etapa cabe ao professor (ou professores) responsável pela atividade: a **avaliação** dos pontos positivos e negativos da saída de campo e a ponderação sobre o atendimento ou não dos objetivos de ensino-aprendizagem. Isso favorecerá o planejamento de outras atividades com os estudantes.

ॐ Vitaminas essenciais

Torezin e Kaick (2018) transformaram a saída de campo em um processo de **sensibilização ambiental** para um problema da região em que atuam como professoras. Diante de um projeto de lei que previa a redução de uma área de preservação ambiental, a escarpa devoniana (área de proteção ambiental localizada na porção leste do estado do Paraná), elas realizaram uma problematização referente à importância – biológica, geográfica e histórica – da preservação do lugar. Nesse sentido, as educadoras planejaram, de forma interdisciplinar, a saída ao Parque Estadual de Vila Velha (PR). Depois da atividade, as discussões sobre as observações nas disciplinas de Biologia e Geografia resultaram em uma sistematização do conhecimento em painéis produzidos pelos estudantes.

Segundo as autoras,

> o trabalho contribuiu para a aproximação entre os saberes das disciplinas e dos conteúdos curriculares da Biologia e da Geografia, e as atividades e suas dinâmicas melhoram a relação problematizadora e dialógica entre estudantes e professores facilitando, por meio do processo dialógico, a aprendizagem e a apropriação de temas ambientais polêmicos, o que tornou o conteúdo mais próximo da realidade dos estudantes em uma perspectiva de alfabetização ecológica. (Torezin; Kaick, 2018, p. 337)

A saída de campo, como uma estratégia pedagógica, permite ao educador pensar em locais da região em que reside e empregá-los para o aprendizado dos estudantes. Planejar essa atividade, executá-la, sistematizá-la e avaliá-la traz excelentes contribuições à prática docente, principalmente quando desenvolvida de maneira interdisciplinar e contextualizada.

3.3.2 Iniciação científica na educação básica

A IC é uma estratégia de ensino-aprendizagem que introduz os estudantes no processo de **investigação científica**. Ela permite o desenvolvimento do pensar crítico e reflexivo.

Inicialmente, essas atividades estavam restritas à educação superior. Segundo o documento "Trajetórias criativas: iniciação científica", do Ministério da Educação (MEC):

> A Iniciação Científica (IC), entendida como atividade estratégica para o desenvolvimento científico e tecnológico do país, há até pouco tempo, era realizada quase que exclusivamente a partir ensino superior. Diversas iniciativas, no entanto, vêm ampliando a cobertura dos programas de **iniciação científica**, estimulando que atividades dessa natureza sejam desenvolvidas no ensino médio. Assim, as escolas despertam para a possibilidade de implementarem atividades de IC não apenas para os jovens, mas, também, para as crianças e, com isso, os estudantes de ensino fundamental têm experimentado a chance de participar de programas de IC, já **a partir do ensino fundamental**. (Brasil, 2014, p. 1, grifo do original)

Dessa maneira, participar de atividades de IC pode potencializar o contato dos estudantes da educação básica com o fazer científico, bem como auxiliá-los na resolução de seus problemas cotidianos por intermédio de uma metodologia de pesquisa pertinente às questões locais e regionais, preferencialmente de modo interdisciplinar.

Pesquisar na escola por meio das etapas da pesquisa científica consiste em um exercício que permite, na área de Ciências da Natureza, trabalhar a teoria e a prática dos conteúdos construídos social e historicamente. Lembramos que "**a IC na educação básica não está restrita aos questionamentos de uma só área ou de um só componente curricular**, posto que em todas as áreas do conhecimento seja possível configurar problemas e questões de natureza científica" (Brasil, 2014, p. 3, grifo do original).

Sinapse

Os princípios freirianos da curiosidade, da pesquisa e da rigorosidade metódica, bem como a alfabetização científica defendida por Delizoicov, Angotti e Pernambuco (2009) e por Sasseron e Carvalho (2011), além dos documentos oficiais que orientam os exames oficiais do MEC na área de Ciências da Natureza – como os Parâmetros Curriculares Nacionais (PCN), os Parâmetros Curriculares Nacionais do Ensino Médio (PCNEM) e a Base Nacional Comum Curricular (BNCC) –, corroboram com a ideia de IC na escola básica.

Para Freire (2014a), **despertar a curiosidade dos estudantes** é uma das condições fundamentais para que outras etapas do processo de ensino-aprendizagem possam ocorrer e se consolidar, inclusive o diálogo e a problematização freirianos.

A aprendizagem, para Freire (2014a, p. 26),

> é um processo que pode deflagrar no aprendiz uma curiosidade crescente, que pode torná-lo mais e mais criador. O que quero dizer é o seguinte: quanto mais criticamente se exerça a capacidade de aprender tanto mais se constrói e desenvolve o que venho chamando de "curiosidade epistemológica", sem a qual não alcançamos o conhecimento cabal do objeto.

Com essa curiosidade evita-se a prática da educação bancária e iniciam-se, na escola, propostas metodológicas criativas e reflexivas, como as atividades de pesquisa e a IC dos estudantes.

A pesquisa não se restringe a uma tarefa apenas do professor ou do aluno. Ambos, no processo de ensino-aprendizagem, pesquisam para compreender e comunicar o aprendido, tornando-se sujeitos desse processo e passando, gradativamente, de uma curiosidade ingênua para a curiosidade epistemológica (Freire, 2014b).

No entanto, apenas a curiosidade e a pesquisa não efetivam uma apropriação significativa dos temas de estudo se, para isso, não houver a rigorosidade metódica, porque

> nas condições de verdadeira aprendizagem os educandos vão se transformando em reais sujeitos da construção e da reconstrução do saber ensinado, ao lado do educador, igualmente sujeito do processo. Só assim podemos falar realmente de saber ensinado, em que o objeto ensinado é aprendido na sua razão de ser e, portanto, aprendido pelos educandos.
>
> Percebe-se, assim, a importância do papel do educador, o mérito da paz com que viva a certeza de que faz parte de sua tarefa docente não apenas ensinar conteúdos, mas também ensinar a pensar certo. (Freire, 2014b, p. 28)

Com os princípios da curiosidade, da pesquisa e da rigorosidade metódica, propostos em Freire (2014b), torna-se possível compreender o verdadeiro papel da educação emancipadora e, portanto, esses princípios estabelecem conexões com o que se objetiva na introdução das atividades de pesquisa científica na escola.

Nesse sentido, a alfabetização científica defendida por Sasseron e Carvalho (2011, p. 61) é utilizada para designar as ideias que temos em mente e que objetivamos ao planejar um ensino que permita aos alunos interagir com uma nova cultura, com uma nova forma de ver o mundo e seus acontecimentos, podendo modificá-los e a si próprio [sic] através da prática consciente propiciada por sua interação cerceada de saberes de noções e conhecimentos científicos, bem como das habilidades associadas ao fazer científico.

Os PCN (Brasil, 2000) estabelecem, entre outros objetivos, dois que se aproximam da proposição deste trabalho:

1. permitir que o aluno resolva problemas reais, presentes em seu universo vivencial e cotidiano, para os quais o domínio de conhecimentos científicos é necessário;
2. possibilitar que o aluno desenvolva uma atitude investigativa ao elaborar hipóteses, planejar pesquisas bibliográficas, observações e experimentos, registrar resultados e socializá-los ao se expressar oralmente em seu grupo, demonstrando, assim, a necessidade de introduzir os estudantes da educação básica na pesquisa científica.

Por sua vez, os PCNEM (Brasil, 1999, p. 15):

> Explicitam três conjuntos de competências: comunicar e representar; investigar e compreender; contextualizar social ou historicamente os conhecimentos. Por sua vez, de forma semelhante, mas não idêntica, o Exame Nacional do Ensino Médio (Enem) aponta cinco competências gerais: dominar diferentes linguagens, desde idiomas até representações matemáticas e artísticas; compreender processos, sejam eles sociais, naturais, culturais ou tecnológicos; diagnosticar e enfrentar problemas reais; construir argumentações; e elaborar proposições solidárias.

Desse modo, a introdução da IC na escola, na área de ciências da natureza, ampara-se nos documentos oficiais do MEC (PCN e PCNEM) e permite uma prática dialógica, problematizadora e transformadora na educação básica.

Construir uma proposta de IC para a escola básica atrelando-lhe os conceitos citados e trabalhando com um grupo interdisciplinar de professores, torna essa estratégia importante na formação científica dos estudantes.

3.4 Estratégia da metodologia ABP no ensino de Biologia

A ABP (aprendizagem baseada em problemas) – ou PBL (*problem baed learning*, em inglês) – é uma forma inovadora de ensino-aprendizagem. Pode ser associada à própria IC vista anteriormente, fundamentada em concepções da aprendizagem significativa de David Ausubel ou nas concepções freirianas de ensinar e aprender.

℞ Vitaminas essenciais

A estratégia ABP teve seu marco inicial na área médica entre as décadas de 1950 e 1970 e foi desenvolvida em razão do índice insatisfatório de atuação dos estudantes de Medicina, evento que deu ensejo à criação de um currículo para área em ABP. Mais tarde, outras áreas do ensino superior aderiram à proposta em seus cursos. Na atualidade, essa abordagem vem-se introduzindo na educação básica.

A ABP tem características construtivistas porque se embasa nas ideias de que o conhecimento é individual e coletivamente construído, de que há várias perspectivas de análise de um mesmo fenômeno e de que o conhecimento está sempre alicerçado em um contexto de vivência dos indivíduos (Hung; Jonassen; Liu, 2009).

A estratégia da metodologia ABP propõe um ensino-aprendizagem ativo, interativo e investigativo. Algumas fases são sugeridas para que essa proposta alcance seus objetivos e suas funções, segundo Leite e Afonso (2001), Souza e Dourado (2015) e Santos (2016), conforme a Figura 3.3, a seguir.

Figura 3.3 – Fases da metodologia ABP

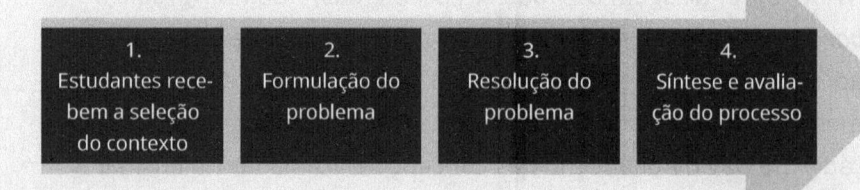

1. Estudantes recebem a seleção do contexto	2. Formulação do problema	3. Resolução do problema	4. Síntese e avaliação do processo

Por *escolha do contexto* entende-se: fatos da vida real dos estudantes e do problema proposto, cujo objetivo seria a sistematização do processo investigativo por parte dos professores. Após essa etapa, ocorre a formulação do problema, na qual os alunos recebem o contexto problematizando-o para aprofundamento e organizando estratégias, a fim de seguir para a investigação. Para resolver o problema, diversas fontes de pesquisa são fundamentais no desenvolvimento da investigação. Por fim, os participantes elaboram a síntese da investigação (Souza; Dourado, 2015).

> **Sinapse**
>
> Para Leite e Afonso (2001, p. 258), a ABP "é uma estratégia inovadora que coloca os alunos numa situação não só de aprenderem ciência, mas também de aprenderem a fazer ciência de uma forma integrada, contextualizada e cooperativa".

No ensino de Biologia, essa prática pode resultar em bons processos investigativos. De acordo com a realidade de atuação de cada docente, muitas indagações podem surgir – principalmente as de caráter ambiental e bioético – e gerar problemas de investigação instigantes para os estudantes, colocando-os em contato com diferentes materiais de análise. Além disso, o método permite partir de um contexto meramente teórico para um contexto prático, de trabalho em grupo e de mediação estudante-conhecimento-professor (Souza; Dourado, 2015).

3.5 Construção de uma estratégia ou de um recurso para a aula de Ciências e Biologia

Agora que já apresentamos as principais tendências pedagógicas e estratégias metodológicas de ensino-aprendizagem da disciplina de Biologia, elencaremos, nesta seção, alguns exemplos de transposição desses elementos para a prática, alargando seu horizonte de possibilidades. Por isso, o planejamento é essencial para o sucesso da aula quando da adoção de uma ou outra estratégia. O sucesso de uma aula, nesse caso, equivale à aprendizagem efetiva dos estudantes.

Ao planejar uma aula expositiva, deve-se considerar alguns aspectos, conforme ilustra a Figura 3.4 a seguir.

Figura 3.4 – Planejamento da aula expositiva

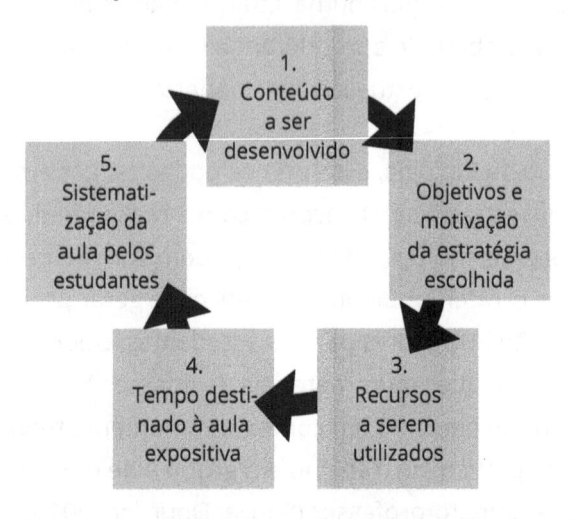

1. Conteúdo a ser desenvolvido
2. Objetivos e motivação da estratégia escolhida
3. Recursos a serem utilizados
4. Tempo destinado à aula expositiva
5. Sistematização da aula pelos estudantes

Sinapse

Preferencialmente, ao adotar as **aulas expositivas**, o professor deve optar pelas **dialogadas**, pois contribuem para um processo de diálogo em sala – ao contrário das apenas expositivas –, enriquecendo o ensino com diferentes problematizações e pontos de vista que, inclusive, podem gerar novos temas de aula.

Quando a estratégia adotada for um **debate**, estabeleça um tema (dê preferência aos chamados *temas controversos*) e organize a turma de dois grupos, designando um estudante responsável pela mediação. Como os temas controversos podem ser analisados sob diversos pontos de vista, você deve dispor de um tempo significativo para que os estudantes pesquisem, de acordo com a postura a ser adotada (favorável ou contrário), para construírem suas argumentações. Nessa atividade, é importante **organizar o ambiente da sala de aula** de modo que os estudantes possam ouvir e observar as posturas e as ideias dos grupos e, dessa maneira, construir seus próprios conhecimentos. Vários assuntos podem suscitar bons debates, como as células--tronco, os transgênicos, a manipulação gênica, o uso de energia nuclear, entre outros. Grande parte dos temas controversos já forma analisados em muitos artigos, vídeos, blogues, textos informativos e de opinião que poderão ser utilizados pelos estudantes na elaboração dos pontos de vista que defenderão.

As **demonstrações** devem ser priorizadas quando o espaço--tempo escolar for insuficiente para que os estudantes realizem por conta própria um procedimento. Elas são interessantes, mas contribuem pouco para a construção dos conhecimentos por parte dos alunos. Mesmo assim, você precisa verificar os materiais que serão necessários e como os estudantes podem colaborar com a demonstração ou não, além estabelecer questões problematizadoras e que exijam pesquisa mesmo após a demonstração.

Nas **simulações**, você pode conceber aulas fundamentadas no uso de *softwares* livres e de livre acesso ao público amplo. É necessário verificar se o tema de estudo condiz com a simulação computacional, testando-a antes de introduzi-la nas aulas. Da mesma maneira, é importante organizar os objetivos de aprendizagem e pensar como as simulações contribuirão para sua efetivação, bem como modificar as variáveis da simulação para que os estudantes possam deparar-se com outras, que demandem diferentes procedimentos.

🔔 Sinapse

Além das simulações computacionais, existem simulações que podem ser realizadas com materiais simples tanto na área da genética quanto na da evolução.

Para as **aulas práticas** existem diversos materiais *on-line*, desde práticas isoladas até compêndios com diversas aulas destinadas aos ensinos fundamental e médio. É muito importante que elas sejam planejadas com base nos recursos disponíveis na escola. Além disso, você deve transformá-la naquilo que se chama de *guia ou roteiro aberto*, em contraposição às aulas de "receita", nas quais não há possibilidades de erros e avaliação dos resultados, mesmo que contraditórios.

🔔 Sinapse

O professor deve selecionar o tema da aula prática e estabelecer os objetivos, além da relação com os conteúdos do currículo, envolvendo os estudantes nessa tarefa de planejar o procedimento. Isso torna a aula prática um encontro de discussões tanto de procedimentos quanto de resultados e conclusões.

Para as **saídas de campo**, você deve escolher um local metodologicamente interessante para a atividade e planejar o tema que será desenvolvido no evento, bem como convidar outros professores capazes de contribuir para a atividade, tornando-a o mais interdisciplinar possível. Além disso, faz-se necessário conversar com a equipe pedagógica/direção da escola.

Estabelecido o local da saída de campo, providencie a autorização escrita para ciência dos pais ou responsáveis dos estudantes. Converse com os alunos sobre horários de saída e chegada, como eles serão conduzidos até o local e quais observações serão necessárias durante a atividade.

💊 Vitaminas essenciais

Ao executar a saída de campo, você deve prestar atenção nos estudantes, na participação ativa que geralmente desenvolvem quando estão em outros espaços fora da escola e na forma como se aproximam do educador nesse momento. Aproveite para conversar com eles sobre as observações ainda no local da saída de campo.

Retornando para o espaço escolar, é hora de sistematizar o conhecimento: debater o que foi observado, elaborar relatórios, construir painéis, confeccionar informativos e produzir vídeos são algumas atividades de sistematização interessantes. Geralmente, quando envolvem as tecnologias digitais (assunto que veremos no Capítulo 4), elas tornam-se ainda mais atraentes para os estudantes.

Muitos são os benefícios da **iniciação científica**, pois ela possibilita trabalhar com os estudantes, desde a escola básica, as etapas da produção do conhecimento científico, como a problematização, a justificativa, as hipóteses, os procedimentos da investigação, a análise dos dados e a discussão dos resultados, bem como as considerações e as conclusões.

Nos projetos investigativos da IC, é necessário considerar sempre a realidade em que os alunos estão inseridos, além de indicar a eles projetos inovadores de outros estudantes da própria educação básica, destacando que iniciativas e ideias criativas podem ser concebidas e inseridas na comunidade por qualquer pessoa.

💊 Vitaminas essenciais

Ao utilizar a estratégia ABP, você deve investigar como outros professores de Biologia já sistematizaram essa prática nas escolas, pesquisando artigos e relatos de experiência. Essa estratégia é relativamente nova no contexto educacional e considerada uma metodologia ativa de ensino-aprendizagem. Nesse sentido, o educador deve atuar como um mediador ou um tutor e organizar um grupo de 8 a 10 estudantes. Em seguida, é necessário definir papéis: um coordenador (responsável por organizar as discussões e debates do grupo) e um secretário (estudante com a função de organizar os relatórios dos debates e das discussões).

Na sequência, o professor tutor deve apresentar um problema estruturado em determinado contexto. Os debates e as discussões levarão à busca de soluções naquilo que se define como os passos da ABP, conforme demonstrado na Figura 3.5, a seguir.

Figura 3.5 – Passos da ABP

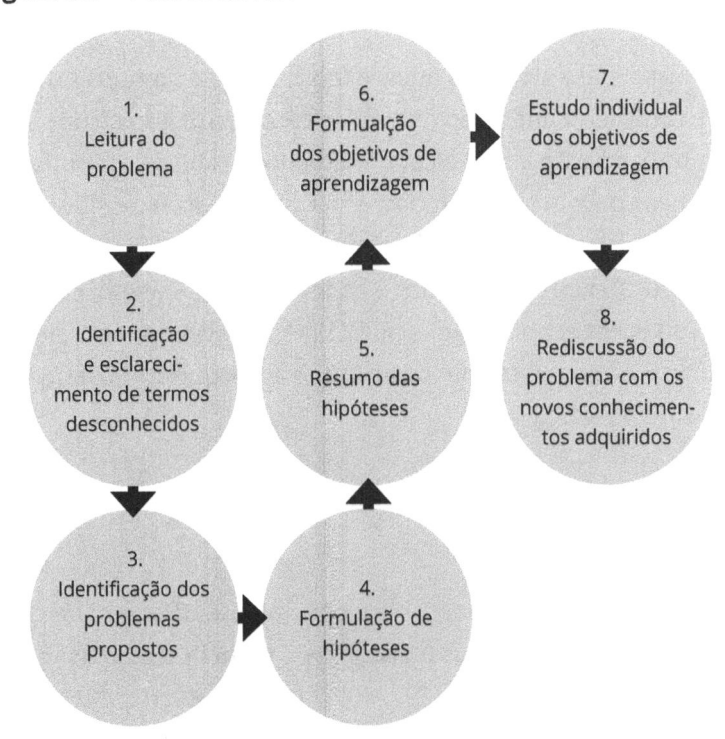

1. Leitura do problema
2. Identificação e esclarecimento de termos desconhecidos
3. Identificação dos problemas propostos
4. Formulação de hipóteses
5. Resumo das hipóteses
6. Formualção dos objetivos de aprendizagem
7. Estudo individual dos objetivos de aprendizagem
8. Rediscussão do problema com os novos conhecimentos adquiridos

Várias são as estratégias para um ensino de Biologia dinâmico, criativo, contextualizado, problematizador e de compreensão da ciência como uma produção sociocultural. Conhecê-las permitirá que você ouse no planejamento em sala de aula e contribua para a aprendizagem dos estudantes.

Síntese proteica

Demonstramos, neste capítulo, que muitas estratégias e recursos podem ser usados na mediação entre o conhecimento e os estudantes para uma apropriação significativa dos conteúdos ou temas apresentados em sala de aula. A Biologia é uma disciplina dinâmica, e seu ensino também deve apresentar esse dinamismo.

Por isso, para além das aulas expositivas, tão comuns no ensino brasileiro em razão das várias características estruturais e de formação inicial e continuada dos professores, outras estratégias devem ser adotadas, entre elas a aula expositiva dialogada, as aulas práticas, as simulações, os debates, as saídas de campo, a iniciação científica e as metodologias ativas, como a ABP. Todas essas abordagens possibilitam inovações em sala de aula, bem como relatos de experiências e pesquisas inovadoras no ensino de Biologia.

Prescrições da autora

Artigos

BASSOLI, F. Atividades práticas e o ensino-aprendizagem de ciência(s): mitos, tendências e distorções. **Ciência e Educação**, Bauru, v. 20, n. 3, p. 579-593, 2014. Disponível em: <http://www.scielo.br/pdf/ciedu/v20n3/1516-7313-ciedu-20-03-0579.pdf>. Acesso em: 20 mar. 2020.
O texto trata de aulas práticas no ensino de Ciências, considerando a necessidade de reflexões sobre suas bases, tanto em sala de aula quanto na formação de professores.

TOREZIN, A. F.; KAICK, T. S. van. Analisando a apropriação de conhecimentos numa perspectiva interdisciplinar para a preservação da Escarpa Devoniana. **Experiências em Ensino de Ciências**, v. 13, n. 5, p. 326-338, 2018. Disponível em: <http://if.ufmt.br/eenci/artigos/Artigo_ID542/v13_n5_a2018.pdf>. Acesso em: 20 mar. 2020.

Artigo com o relato de uma saída de campo interdisciplinar realizada na Escarpa Devoniana na região dos Campos Gerais do Estado do Paraná. Nesse trabalho, as autoras investigam as potencialidades do conhecimento na sensibilização e na preservação dos espaços de proteção ambiental.

Filme

OSMOSE Jones. Direção: Bobby Farrelly e Peter Farrelly. EUA: Warner Bros., 2001. 95 min.

O filme retrata a atividade de glóbulos brancos no combate aos vírus do organismo. Após assistirem à produção, os estudantes podem criar modelos didáticos e simulações da atuação desse sistema integrado de defesa do corpo humano.

Livros

BRASIL. Ministério da Educação. **Trajetórias criativas**: jovens de 15 a 17 anos no ensino fundamental. Brasília, 2014. Caderno 7: Inicação Científica. Disponível em: <http://portal.mec.gov.br/index.php?option=com_docman&view=download&alias=16323-seb-traj-criativas-caderno7-iniciacao-cientifica&category_slug=setembro-2014-pdf&Itemid=30192>. Acesso em: 20 mar. 2020.

Caderno elaborado pelo Ministério da Educação com o objetivo de incentivar estudantes do ensino fundamental e médio a praticar a pesquisa científica orientada por professores, individualmente ou em equipes, apoiando a prática científica da descoberta e da divulgação.

RODRIGUES, B. C. R.; GALEMBECK, E. **Biologia**: aulas práticas. Campinas: Instituto de Biologia, 2012. Disponível em: <https://www2.ib.unicamp.br/lte/bdc/visualizarMaterial.php?idMaterial=1463&alterarIdioma=sim&novoIdioma=pt#.XJ-f0lVKjIU>. Acesso em: 20 mar. 2020.

Livro com 23 práticas de Biologia para trabalhar com os estudantes. São práticas que envolvem o cotidiano dos estudantes, utilizam materiais simples e objetivam a compreensão dos fenômenos naturais, bem como o desenvolvimento do pensamento científico crítico.

Sites

CIENTISTA BETA. Disponível em: <http://cientistabeta.com.br/>. Acesso em: 20 mar. 2020.

O Decola Beta é um interessante projeto de IC que contempla pesquisas realizadas por estudantes da educação básica em várias áreas do conhecimento.

FICIÊNCIAS – Feira de Inovação das Ciências e Engenharias. Disponível em: <https://www.ficiencias.org/>. Acesso em: 20 mar. 2020.

Compreendendo a IC na escola básica, o *site* do Ficiências traz projetos desenvolvidos por estudantes do ensino fundamental II e do ensino médio com relevância social.

Rede neural

1. Por que as saídas de campo, ou aulas de campo, podem contribuir com a aprendizagem de Biologia?

A Porque correspondem a uma atividade que visa distrair os alunos, muitas vezes enfastiados com o ambiente de sala de aula.

B Porque os professores sentem a necessidade de utilizar outros espaços para a realização de atividades lúdicas com seus alunos.

C Porque mostram como a teoria é desnecessária para a aquisição dos conhecimentos, já que coloca os alunos em contato direto com a realidade.

D Porque fazem os alunos observarem como o ambiente de sala de aula é defasado em relação às novas gerações, avessas ao âmbito escolar, restritivo e limitado.

E Porque colocam os estudantes em contato com o meio natural ou com outros meios, como laboratórios, por exemplo, e, por isso, essa atividade complementa os estudos de sala de aula, assim como incentiva estudos e investigações posteriores.

2. A ABP é uma estratégia didática que envolve os estudantes na resolução de problemas do dia a dia. Quais são as principais etapas a serem consideradas em seu planejamento?

A Proposição de tema por parte do professor; transmissão do conteúdo para os alunos; proposição de atividades de memorização e fixação; preleção final por parte do professor.

B Estudantes recebem a seleção do contexto; formulação do problema; resolução do problema; síntese e avaliação do processo.

C Atividade motivadora no início da aula; crítica ao processo de ensino; avaliação final.

- **D** Todas as alternativas estão corretas.
- **E** Nenhuma das alternativas está correta.

3. As saídas de campo constituem uma estratégia significativa de ensino-aprendizagem ao explorar o meio de estudo para a compreensão dos conceitos biológicos. Sobre essa estratégia didática no ensino das ciências, é correto afirmar:
   - **A** São atividades lúdicas e de entretenimento dos estudantes, sem aspectos significativos de aprendizagem.
   - **B** Não requer um planejamento sistemático e, por isso, pode ser realizada a qualquer momento com os estudantes.
   - **C** Não complementam os estudos de sala de aula e, por isso, professores apresentam resistência em realizá-las.
   - **D** São realizadas na escola de forma colaborativa entre os professores e não há necessidade de avaliação dessa estratégia.
   - **E** O objetivo principal dessa atividade está em colocar os estudantes em contato com o meio, natural ou não, para uma percepção real que ultrapasse as paredes da sala de aula.

4. Analise as afirmativas a seguir sobre as principais estratégias para o ensino de Biologia e indique V para as verdadeiras e F para as falsas. Depois, assinale a alternativa que apresenta a sequência correta:
   - ( ) A ABP é uma forma inovadora de ensino-aprendizagem e ocorre em todas as escolas brasileiras desde a década de 1960.

( ) Ao contrário das aulas expositivas, a dinâmica do debate exige um planejamento e uma postura de mediador do professor nessa estratégia, considerando os pontos de vista dos estudantes sobre uma temática.

( ) Ao planejar uma aula prática, os professores precisam optar por orientações mais abertas, ou totalmente abertas, que favoreçam a elaboração de hipóteses, a troca de ideias, a busca de metodologias alternativas para a experimentação.

A V, F, V.
B V, V, F.
C F, V, V.
D V, V, V.
E F, F, F.

5. Com relação à IC na escola básica, analise as afirmativas a seguir e, em seguida, assinale a alternativa correta:

I) Atividades da IC podem potencializar o contato dos estudantes da educação básica com o fazer ciência, resolvendo indagações do cotidiano e adotando, para isso, uma metodologia de pesquisa pertinente aos problemas locais e regionais, preferencialmente em um caráter interdisciplinar.

II) A IC é uma prática predominante no ensino superior.

III) Estudantes podem despertar o interesse pela ciência com a IC.

A Todas as alternativas são incorretas
B Todas as alternativas são corretas.
C I e II são corretas.
D II e III são corretas.
E I e III são corretas.

Biologia da mente

Análise biológica

1. Existem três "guias" para as atividades de aulas práticas na escola básica. Descreva cada um deles, faça uma reflexão sobre sua formação científica nesse formato e identifique em que "guia" ela se encaixava. Como possível futuro docente, como poderão ser as aulas práticas desenvolvidas em seu exercício profissional? Justifique.
2. Escolha um tema controverso da biologia e organize um debate para estudantes da escola básica, determinando objetivos, mediador(a), equipes de apoio ao tema e equipes contrárias, entre outros elementos. O planejamento de um debate exige que se conheça sobre um assunto antes de trabalhá-lo com os estudantes.
3. Em uma comunidade X, o uso indiscriminado de agrotóxicos tem diminuído as populações de polinizadores da região, principalmente abelhas. Diante dessa problemática, como os alunos poderiam estudar esse caso seguindo os passos da ABP? Desenvolva um planejamento considerando a estratégia citada.

No laboratório

1. Consultando as atividades práticas disponíveis nas "Prescrições da autora", escolha uma e relacione-a com a teoria proposta em sala de aula. Realize a atividade prática e, em seguida, fotografe ou produza um vídeo sobre os procedimentos realizados e as respectivas conclusões.

CAPÍTULO 4

COMPLEXIDADE DOS SABERES NO ENSINO DE BIOLOGIA

Estrutura da matéria

Na disciplina de Biologia, há uma forte tendência a um ensino fragmentado e de caráter positivista, que pouco ou nada contribui para uma apropriação significativa e crítica do conhecimento biológico construído ao longo dos tempos pelos seres humanos. Muitas vezes, os conteúdos são desconectados da Física e da Química, áreas das chamadas *ciências da natureza*, que, por sua vez, deveriam interagir, já que muitos conhecimentos de séculos anteriores não eram explorados da forma fragmentada como estudamos hoje.

Um exemplo da situação descrita está no grupo dos chamados *historiadores naturais* – pessoas com um vasto conhecimento de astronomia, física, química, biologia, geologia, entre tantas outras áreas e que, por isso, eram capazes de descrever e interpretar fenômenos dos mais variados campos do conhecimento, relacionando-os entre si.

Com o advento do **positivismo**, corrente filosófica do século XIX cuja proposição de pesquisa científica – que deveria ser necessariamente baseada no método científico – era o estudo das partes para o conhecimento do todo, consolidou-se o modelo fragmentário dos conhecimentos nas diversas áreas e subáreas como uma única forma de conhecimento humano.

Neste capítulo, abordaremos o pensamento do antropólogo, sociólogo e filósofo da complexidade Edgar Morin e seus seguidores, no campo da **teoria da complexidade** – estudos que buscam a quebra do paradigma da fragmentação dos saberes. Buscaremos demonstrar como esse pensamento interdisciplinar é capaz de dialogar em um planejamento multidisciplinar, transdisciplinar e interdisciplinar para um ensino-aprendizado mais integrado na educação básica.

4.1 O pensamento complexo/sistêmico de Edgar Morin no ensino de Biologia

É importante destacar que a ciência é uma atividade humana e, portanto, histórica e social. Nesse sentido, a compreensão dos estudantes sobre a ciência muitas vezes é equivocada, pois, nas aulas de Ciências ou Biologia, os conteúdos são apresentados de maneira disciplinar e descontextualizada, induzindo a interpretações errôneas sobre a produção dos saberes científicos, esquecendo, nas abordagens de sala de aula, que estes funcionam como um sistema de conhecimentos elaborados ao longo da história da humanidade.

Por isso, ao ensinar Biologia para os estudantes, o educador precisa pensar na epistemologia desses conhecimentos e, para que isso ocorra, a história, a filosofia e a sociologia das ciências são fundamentais, tanto para a compreensão de como esses saberes são elaborados quanto para a verificação de suas relações de contexto e de provisoriedade, em um pensamento que une, ao invés de separar e fragmentar. O próprio Morin (2006, p. 11) explica:

> nossa educação nos ensinou a separar e isolar as coisas. Separamos os objetos de seus contextos, separamos a realidade em disciplinas compartimentadas umas das outras. Mas como a realidade é feita de laços e interações, nosso conhecimento é incapaz de perceber o *complexus* – o tecido que junta o todo. Ao mesmo tempo nosso sistema de educação nos ensinou a saber as coisas deterministas, que obedecem uma lógica mecânica; coisas das quais podemos falar com muita clareza e que permitem, evidentemente, a previsão e a predição. Vivemos num

mundo onde cada vez há mais incertezas. A crença no determinismo universal, que era o dogma da ciência do século passado, desmoronou. O problema é como enfrentar e rejuntar a incerteza.

Ao ensinar uma Biologia fragmentada, estática e linear, não há contribuição alguma para o pensamento complexo, em que o todo é muito mais que a soma das partes e os modelos científicos sofrem modificações ao longo dos tempos. Hodson (1998) já afirmava que, quando ensinamos Ciências, devemos mostrar que os modelos são usados para explicar a natureza e podem ser falsificáveis ou substituídos por alternativas mais convincentes em diferentes períodos sócio-históricos.

📌 Sinapse

Nesse contexto, a história da ciência pode contribuir para auxiliar os estudantes na compreensão dos mecanismos da prática científica no ensino de Biologia (Hodson, 1998). Vários teóricos e filósofos apresentaram concepções e visões da produção científica diferentes das utilizadas anteriormente, sendo Gaston Bachelard, Thomas Khun, Popper, Lakatos e Feyerabend alguns dos nomes reconhecidos (Hodson, 1998).

Ler e compreender a obra desses filósofos da ciência contribui, no ensino de Biologia, para que os professores organizem uma concepção epistemológica da produção científica em um pensamento da complexidade defendido por Morin (2013), conforme sintetiza o Quadro 4.1, a seguir.

Quadro 4.1 – Resumo das ideias dos principais filósofos da ciência

Gaston Bachelard (1884-1962)

Ideia dos obstáculos epistemológicos no desenvolvimento da ciência, caracterizados como uma reflexão sobre o próprio pensamento científico.

Thomas Kuhn (1922-1996)

A ciência é descontínua e tem revoluções, períodos de estabilidade, denominados de *ciência normal*, e períodos de crise.

Karl Popper (1902-1994)

A imaginação e a especulação precedem a observação. Introduz a ideia de falsificação (falseacionismo).

Imre Lakatos (1922-1974)

A ciência é uma construção humana, provisória e racionalmente sujeita a reformulações, que objetiva compreender, descrever e agir sobre a realidade.

Paul K. Feyerabend (1924-1994)

Nenhuma teoria é verdadeiramente falsificável. Tudo tem validade.

Podemos observar algum consenso epistemológico entre esses autores apresentando os conceitos de falseabilidade e de verdades provisórias do conhecimento científico. No entanto, eles adotam diferentes terminologias para explicar suas concepções.

De acordo com Khun (1998, p. 35), a ciência apresenta certos paradigmas que se perpetuam por determinado período, mas que não são imutáveis, visto que, quando surgem novas questões que um paradigma não é capaz de responder, questões chamadas pelo autor de *anomalias*, há a emergência de um novo. O surgimento de obstáculos no caminho daquilo que se costumava acreditar ou o falseamento de verdades impostas permitem as mudanças necessárias para o avanço do conhecimento científico.

Para Feyerabend (1996, p. 151),

> As instituições científicas não são "objetivas": nem elas nem seus produtos estão diante das pessoas como uma rocha ou uma estrela. Elas frequentemente fundem-se com outras tradições, são por elas afetadas e as afetam. Movimentos científicos decisivos foram inspirados por sentimentos filosóficos e religiosos (teológicos). Os benefícios materiais da ciência não são óbvios. Há grandes benefícios, é verdade. Mas eles trazem também grandes desvantagens. E o papel da entidade abstrata "ciência" na produção de benefícios científicos não é nada claro.

Já Popper, em seu livro *A lógica da pesquisa científica* (1968), posiciona-se contra o princípio da indução para a construção de teorias científicas. Estabelece como critério o **falseacionismo**, ou seja, toda proposição que possa ser refutada por experiência empiricamente observável pode ser considerada científica. Para ele, uma investigação científica não necessariamente precisa ser iniciada por observações, e a imaginação e a especulação podem preceder esse momento.

Na discussão dessas questões, Popper (1968, p. 258, tradução nossa) afirma:

> Acredito que a teoria, pelo menos alguma expectativa ou teoria rudimentar, sempre vem primeiro, sempre precede a observação; e que o papel fundamental das observações e testes experimentais é mostrar que algumas de nossas teorias são falsas, estimulando-nos assim a produzir teorias melhores. Conseguintemente, digo que não partimos de observações, mas sempre de problemas, seja de problemas práticos ou de uma teoria que tenha topado com dificuldades.

A epistemologia de Lakatos (1979) seguiu na mesma linha do falseacionismo popperiano, com algumas modificações. Diferentemente do estudioso austro-britânico, que centralizava o conhecimento científico em teorias, o estudioso húngaro afirmava que o conhecimento científico era o que chamava de "programa de pesquisa", ou "núcleo firme", aquele que se mantém provisoriamente irrefutável, circundado por um "cinturão protetor" (hipóteses e teorias auxiliares).

Para Lakatos (1979, p. 162), a "própria ciência como um todo pode ser considerada um imenso programa de pesquisa com a suprema regra heurística de Popper: arquitetar conjecturas que tenham maior conteúdo empírico do que as suas predecessoras".

🔋 Vitaminas essenciais

Conhecendo um pouco sobre esses pensadores, podemos inferir que, no ensino de Ciências e Biologia, os saberes produzidos pela ciência, muitas vezes, são inseridos em um contexto de educação bancária (Freire, 2014a), sem relações com o contexto sociocultural de sua produção, o que acaba por gerar nos estudantes uma visão ingênua e linear do progresso científico. Por isso, na atualidade, é preciso pensar na construção de uma ciência escolar em um contexto de complexidade e de integração de saberes (Morin, 2013) que deverão constituir as bases da educação contemporânea, principalmente no que diz respeito ao ensino de Ciências e Biologia.

Para Bachelard (2006), essa relação entre os contextos histórico, social, político e cultural é muito importante na produção do conhecimento científico, uma vez que a ciência tem caráter complexo e seus conhecimentos são uma reflexão da reflexão já elaborada pela própria ciência, em oposição ao pensamento linear e positivista de seu desenvolvimento.

4.2 Planejamento sistêmico nas aulas de Biologia

Planejar de forma mais integrada e complexa é o desafio do educador do século XXI, como afirma Morin (2013, p. 155), em suas "jornadas temáticas":

> Hoje entramos no campo da vida, que é uma noção problemática, recusada por muitos biólogos. Além do mais, não existem

relações articuladas entre a biologia molecular, parasitologia e etologia animal. As ciências da Terra puderam articular-se porque a Terra era um caos, enquanto que a Biologia continua fragmentada em disciplinas compartimentadas.

Sinapse

As jornadas temáticas dirigidas e idealizadas por Edgar Morin fazem parte do livro *A religação dos saberes: o desafio do século XXI* (2013), em que vários autores escrevem sobre diversos temas. A terceira jornada intitula-se "A vida" e apresenta pesquisadores e temas como Henri Atlan e a discussão sobre o ensino do DNA, Jean Gayon e o ensino de Evolução, entre outros.

Dessa maneira, conhecer trabalhos ou "exercícios" de planejamento, na área da Biologia, com um viés da complexidade, torna-se muito importante para que futuros professores possam transpor didaticamente uma ciência que considere a interligação de saberes, bem como seu caráter de permanente construção.

Nas últimas décadas, muitas pesquisas para a sala de aula foram realizadas em planejamentos sistêmicos para o ensino de Biologia. Esses planejamentos têm o objetivo de atribuir um caráter interdisciplinar com vistas à superação da fragmentação dos saberes biológicos.

Vitaminas essenciais

Teóricos como Morin, Jean Ladrière (1921-2007), filósofo belga, e Joël de Rosnay (1937-), estudioso da complexidade em conceitos e operadores transversais, pensam em uma educação realizada no paradigma da complexidade, seja na educação superior, seja na educação básica – sendo esta última o campo de atuação dos professores licenciados. Para esses autores, a visão reducionista, compartimentada e analítica conduziu a uma fragmentação dos saberes, a uma disciplinarização excessiva, fragmentando as disciplinas e isolando-as umas das outras. A abordagem analítica é importante, mas precisa ser inserida em uma perspectiva sistêmica que objetiva a organização de um quadro amplo de referências no trabalho com o conhecimento (Rosnay, 2013).

Nesse sentido, na última década principalmente, muitas pesquisas com o pensamento complexo de Morin têm sido transpostas para o ensino de Biologia, trazendo resultados significativos para o ensino-aprendizagem, com materiais desenvolvidos nos conceitos de interdisciplinaridade, transdisciplinaridade e multidisciplinaridade.

Entre estes, a **interdisciplinaridade** é um dos mais estudados e abordados na formação de professores. Mas como planejar considerando tais conceitos? Primeiro é necessário compreender as diferenças entre esses termos para refletir e, na sequência, organizar um planejamento com viés da complexidade. Para Morin (2003a, p. 115):

> Interdisciplinaridade, multidisciplinaridade e transdisciplinaridade, difíceis de definir, porque são polissêmicos e imprecisos [...]. Mas interdisciplinaridade pode significar também troca e cooperação, o que faz com que a interdisciplinaridade possa vir a ser alguma coisa orgânica. A multidisciplinaridade constitui uma associação de disciplas, por conta de um projeto ou de um objeto que lhes sejam comuns; as disciplinas ora são

convocadas como técnicos especializados para resolver tal ou qual problema; ora, ao contrário, estão em completa interação para conceber esse objeto e esse projeto, como no exemplo da hominização. No que concerne à transdisciplinaridade, trata-se frequentemente de esquemas cognitivos que podem atravessar as disciplinas, às vezes com tal virulência, que as deixam em transe. De fato, são os complexos de inter-multi-trans-disciplinaridade que realizaram e desempenharam um fecundo papel na história das ciências; é preciso conservar as noções chave que estão implicadas nisso, ou seja, cooperação; melhor, objeto comum; e, melhor ainda, projeto comum.

℞ Vitaminas essenciais

Ao refletir sobre o ensino sistêmico e complexo em Biologia, torna-se importante para o educador pensar na totalidade dos saberes, seus aspectos sociais e culturais de produção. Por isso, o professor deve buscar uma compreensão das partes e como elas agem para formar o todo em um pensamento que ultrapassa a fragmentação praticada em nossos currículos.

Segundo Morin (2003a, p. 115),

> É necessário também o "metadisciplinar"; o termo "meta" significando ultrapassar e conservar. Não se pode demolir o que as disciplinas criaram; não se pode romper todo o fechamento: há o problema da disciplina, o problema da ciência, bem como o problema da vida; é preciso que uma disciplina seja, ao mesmo tempo, aberta e fechada.

Assim, ciências como a biologia, a física e a química, denominadas *disciplinas da área de ciências da natureza*, têm muito a explorar em planejamentos interdisciplinar, multidisciplinar e transdisciplinar, bem como a história da ciência, as artes e as tecnologias contribuem muito para um pensamento sistêmico e complexo.

4.3 Arte como eixo integrador dos conhecimentos biológicos, físicos e químicos

A arte no ensino das ciências tem trazido contribuições para um pensamento complexo e sistêmico, integrando tanto a história da ciência, como observamos anteriormente, quanto a biologia, a física e a química. Algumas obras de arte potencializam o aprendizado dos estudantes e permitem um planejamento que foge da fragmentação disciplinar presente nos currículos escolares, viabilizando aos professores o planejamento de situações de ensino-aprendizagem com características da complexidade.

🔌 Sinapse

Cabe ressaltarmos que a arte é uma área do conhecimento e, por isso, ao inseri-la em planejamentos, de forma interdisciplinar, em nenhum momento ela se caracteriza como um apêndice a essas aulas para ilustrar conceitos científicos. Ao inserir a relação entre arte e ciência, busca-se um elo entre as culturas científica e das humanidades, como propôs Snow (1995), o qual afirma que na atualidade está cada vez mais difícil verificar uma cultura comum. Em sua obra *As duas culturas e uma segunda leitura*, o autor assinala uma separação, quase que naturalizada, entre a cultura das ciências e das humanidades (cujos adeptos ele denomina *literatos*) e, por isso, propõe uma "terceira cultura", caracterizada pela integração e pelo estabelecimento de elos entre as áreas do conhecimento (Snow, 1995).

Por isso, para o autor, a educação seria o meio de promover esse diálogo:

> O principal meio que se abre para nós é a educação; principalmente nas escolas primárias e secundárias, mas também nas universidades. Não há desculpas para deixar que mais uma geração seja tão profundamente ignorante, ou tão desprovida de compreensão e simpatia, como é a nossa. (Snow, 1995, p. 85)

Zanetic (2006, p. 55), em seus estudos sobre a relação arte-ciência, afirma: "Para levarmos adiante essas experiências interdisciplinares necessitamos sofisticar cada vez mais a formação dos nossos professores [...]. Com esses professores podemos ousar percorrer a ponte entre ciência e arte, acabando com os dois analfabetismos: o literário e o científico".

Dessa maneira, trabalhos de ilustrações científicas desenvolvidos por diversos artistas em diferentes épocas contribuem para propiciar um diálogo entre arte e ciência, bem como permitem que os estudantes compreendam essa relação como fundamental para a produção do conhecimento científico. Muitas vezes, ao pensar em conhecimentos elaborados na biologia, imagina-se um laboratório fechado e dotado de equipamentos sofisticados, com diários de anotação, ou seja, um estereótipo. No entanto, na maioria das vezes, a própria história da ciência demonstra que a produção científica ocorria em espaços naturais e era registrada com belas ilustrações artistas-cientistas.

🔬 Vitaminas essenciais

Figura 4.1 – Calcogravura de Maria Sibylla Merian

Natural History Museum, London/ Alamy/ Fotoarena

Entre esses artistas-cientistas que apresentavam um pensar complexo e sistêmico como o defendido por Morin (2003a, 2013), podemos citar **Maria Sibylla Merian** (1647-1717), artista que viveu na transição entre os séculos XVII e XVIII e, de forma abrangente, produziu ilustrações científicas sobre os insetos com os respectivos ciclos de vida em meio natural. Suas ilustrações **calcogravadas** – técnica de gravura em placas de cobre – e pintadas, uma a uma, em aquarela demonstram uma riqueza de detalhes no estudo do meio natural.

Merian viveu na Alemanha, na Holanda e no Suriname, locais onde realizou intensa observação dos seres vivos, com ênfase especial nos insetos. Também ilustrava plantas nativas das regiões descrevendo, em seu diário de estudos, bem como as propriedades medicinais e nutricionais dessas plantas. Quanto aos animais, observava minuciosamente e desenhava seus ciclos de vida, ilustrando e descrevendo os ovos, as lagartas, as pupas e as borboletas ou mariposas. Suas observações foram muito detalhadas e transpostas em suas telas com riqueza de detalhes.

Segundo Machado e Miquelin (2016a), o próprio pensamento complexo de Merian em suas obras (a ecologia dos insetos) permite planejamentos de ensino de Biologia com uma interligação entre os conhecimentos artísticos, biológicos, históricos e sociais em relações de contexto que ultrapassam a típica dissertação linear de conteúdos. Em "Guia de construção de um insetário virtual", os autores desenvolveram uma prática metodológica de pensamento sistêmico envolvendo arte, ciência e tecnologia (Machado; Miquelin, 2016a).

Muitos outros historiadores naturais já realizaram a observação e o registro para a compreensão da vida de espécies e a conservação desses grupos. Em diferentes contextos sócio-históricos, o estudo de seres vivos em meio natural era praticado para a compreensão de sua morfologia e ecologia. Atualmente, as ilustrações da flora brasileira de **Margaret Mee** (1909-1988) e os cogumelos capturados pela lente do australiano **Steve Axford** também são uma forma de conhecimento da diversidade biológica em meio natural, tendo a arte como princípio organizador do conhecimento biológico em um pensamento sistêmico.

Figura 4.2 – Ilustração de Margaret Mee

© Propriedade de Margaret Mee e Conselho de Administração do Royal Botanic Gardens, Kew

As telas de Joseph Wright inspiram também bons planejamentos interdisciplinares. Costa (2016) elaborou uma sequência didática interdisciplinar para a apropriação dos conceitos de óptica, tema que pode ser explorado na Biologia, na Física e na Química como a própria autora propõe e destaca:

> A diversidade de atividades que podem ser pensadas que envolvam Física (Óptica), Arte, História, Sociologia, Filosofia, Química, Biologia, nestas telas de Joseph Wright demandam tempo de estudo por parte do professor, contudo podem potencializar o ensino destas disciplinas trazendo esta possibilidade de pensar a Física e seus conceitos, a partir de uma perspectiva diferente. (Costa, 2016, p. 3)

Na Biologia, o estudo da visão e da formação de imagens na retina, com auxílio dos cones e bastonetes, contribui para esse planejamento sistêmico.

Muitas outras obras de arte podem ser consideradas, como as produzidas por Leonardo da Vinci (1452-1519) em seus estudos anatômicos. Ele foi minucioso nos detalhes com que retratou o corpo humano, de modo que suas ilustrações podem servir de ponto de partida para um planejamento de Biologia, integrando arte e ciência. Para Silva (2013, p. 4), as ilustrações do artista toscano são muito mais que desenhos anatômicos, pois integram uma gama de conhecimentos, característica da complexidade:

> De fato, os desenhos desse estudo de Leornardo são anotações, um roteiro de pontos que seriam ainda detalhados e esclarecidos para a publicação de um tratado de anatomia. Os detalhes, os cortes e os ângulos das figuras impressionam pelo realismo e respeito pela proporcionalidade que existe no corpo humano. A influência da engenharia e da matemática é visível: roldanas, formas geométricas e engrenagens estão presentes nas gravuras, ao lado de estruturas ósseas, de conjuntos de tendões e músculos, indícios de que ele recorreu a cálculos para interpretar os movimentos e a funcionalidade dos elementos anatômicos que observou.

Além das artes plásticas, a **literatura no ensino de Biologia** contribui para reflexões. Algumas obras literárias como *Franskstein*, *Ismael* e *Admirável Mundo Novo* despertam, mesmo que na ficção, problemáticas éticas da ciência desenvolvida nos últimos séculos. Esses textos, entre tantos outros, dão aporte para atividades problematizadoras e dialógicas em sala de aula, podendo, inclusive, ser expressos em outras manifestações artísticas como o teatro, a dança e a música.

🔔 Sinapse

- **Frankenstein**: obra de autoria de Mary Shelley, publicada em 1818 e considerada uma obra de ficção científica que explora conceitos da ciência e princípios éticos.
- **Ismael**: romance sobre a condição humana, publicado em 1992 por Daniel Quinn, que traz reflexões científicas, éticas e de sustentabilidade necessárias à ciência do século XXI.
- **Admirável Mundo Novo**: obra de Aldous Huxley publicada em 1932, cuja história retrata uma sociedade em 2540 e os efeitos da tecnologia nas vivências do ser humano.

Assim, a arte transforma-se em um **elo entre a cultura das humanidades e a cultura científica**, demonstrando que o conhecimento humano ultrapassa a linearidade e a fragmentação que ainda rege os currículos de Biologia. Inserir, como educador, essas ideias em sala de aula contribui para uma visão hologramática do pensamento.

🔔 Sinapse

Para Edgar Morin (2003a), o princípio hologramático considera que, no conhecimento, as partes constituem o todo e o todo também se encontra nas partes.

4.4 Modelagem molecular no ensino de biologia: integrando conhecimentos biológicos, físicos e químicos

Santos (2001, p. 4) define a *modelagem molecular* como "todo tipo de estudo que envolve a aplicação de modelos teóricos utilizando os conceitos de átomo e molécula na descrição de estrutura e propriedades de interesse em química". Para o estudioso, trata-se de um novo campo de atuação dos profissionais, principalmente os químicos, no estudo interacional entre moléculas.

💊 Vitaminas essenciais

A modelagem molecular no ensino caracteriza-se como uma atividade interdisciplinar de construção de moléculas de interesse biológico, ao mesmo tempo que mobiliza a química, a física e a biologia molecular. Além disso, pode envolver a organização estrutural das moléculas com materiais simples e de baixo custo – como papel, papelão, massa de modelar, entre outros – e, ainda, com a mediação das tecnologias, ser realizada em simulações computacionais.

Como demonstramos no Capítulo 3, as simulações são boas estratégias de ensino e, no caso da modelagem molecular, a simulação de macromoléculas como as proteínas, os carboidratos, os lipídios e os ácidos nucleicos contribui para o pensamento interdisciplinar, uma vez que os estudantes precisam ter conhecimento dos átomos, dos diferentes tipos de ligações químicas entre eles, das diferenças entre compostos orgânicos e inorgânicos, da organização espacial das moléculas. Portanto, a biologia, a física e a química integram-se nesse modelo de atividade.

℞ Vitaminas essenciais

Existem vários *softwares* gratuitos para planejar sistemicamente a modelagem molecular. Entre eles destaca-se o **Discovery Studio (DS)**, que, em sua versão livre, permite a visualização e a criação de macromoléculas (Biovia, 2017). Machado, Miquelin e Gonçalves (2017) desenvolveram uma sequência didática para estudantes do ensino médio com o DS para modelar a molécula de DNA e a ação de quimioterápicos nela. No planejamento, consideraram a necessidade da interdisciplinaridade (Biologia, Química e Tecnologia) para um pensamento sistêmico, tanto no ensinar quanto no aprender, bem como os pressupostos de uma aprendizagem significativa. Como resultado, verificaram que os estudantes aprendem com a modelagem molecular e estabelecem relações entre a estrutura físico-química das moléculas e seu potencial biológico, modificando consideravelmente as concepções prévias.

Além do DS, outros aplicativos de modelagem molecular são encontrados gratuitamente para *smartphones*, fato que contribui para atividades de simulação computacional em escolas que não dispõem de laboratórios de informática. Entre eles podemos destacar o Mobile Molecular Modeling, o Molecular Constructor, o Molecule Kit, o ModelAR Organic Chemistry, entre outros.

Todas as atividades de modelagem molecular – seja com materiais físicos, seja em realidade virtual – se planejadas em um contexto sistêmico, no que diz respeito às abordagens biológicas, químicas e físicas, superarão a visão fragmentada dos conteúdos e auxiliarão em exercícios da complexidade na escola básica. Segundo Petraglia (2011, p. 79),

> A necessidade das relações entre as partes que integralizam o todo se dá a partir da complexidade que se explica pelos múltiplos aspectos influentes no processo de pensar. O pensamento não é estático, supõe movimento; é este ir e vir que permite a criação e a elaboração do conhecimento. É o que justifica ao sujeito a superação do pensamento reducionista presente no paradigma da simplicidade, privilegiando, na atualidade, o paradigma da complexidade.

Por isso, a modelagem das moléculas que constituem a vida, tal como o DNA, as proteínas, os lipídios, entre outras, bem como de suas ações no organismo, indica uma atividade interdisciplinar para a sala de aula com potencial para integrar a Biologia, a Química e a Física. Do mesmo modo, essa tecnologia conta com aplicação nas pesquisas de fármacos e traz resultados significativos para a indústria da área. Podemos concluir, dessa maneira, que aproveitar *softwares* livres de modelagem na sala de aula auxilia na compreensão, inclusive, dos mecanismos de estudo e eficácia de medicamentos em relação ao seu potencial de ação. Esse fato aproxima os estudantes do processo de pesquisa da biologia molecular na atualidade.

Especificamente sobre a modelagem molecular no ensino, Andrade, Trossini e Ferreira (2010, p. 22) explicam que "as atividades realizadas, com o uso de ferramentas tecnológicas e computacionais, surgem como uma alternativa educacional visando atender às necessidades atuais e individuais dos estudantes, uma vez que a aprendizagem é fundamentalmente ativa, integrativa e reflexiva".

4.5 Planejamento com base no pensamento sistêmico e na arte como eixo integrador

Ao ensinar Biologia, é preciso que o professor tenha em vista a interdisciplinaridade para um pensamento integrado e complexo. Pesquisas recentes têm demonstrado que a arte, produzida em diversos períodos históricos, pode potencializar experiências significativas de ensino-aprendizagem de Biologia. No entanto, para que os professores consigam realizar esse planejamento sistêmico, faz-se necessário conhecer artistas-cientistas com potencial para a transposição didática em ensino de Ciências.

Prescrições da autora

Caso você queira saber mais a respeito da aplicação da arte no ensino de Biologia, leia os seguintes artigos:

CACHAPUZ, A. F. Arte e ciência no ensino de ciências. **Interacções**, n. 31, p. 95-106, 2014. Disponível em: <https://revistas.rcaap.pt/interaccoes/article/view/6372/4941>. Acesso em: 20 mar. 2020.

SILVEIRA, J. R. A. da. Arte e ciência: uma reconexão entre as áreas. **Ciência e Cultura**, v. 70, n. 2, abr./jun., 2018. Disponível em: <http://cienciaecultura.bvs.br/scielo.php?script=sci_arttext&pid=S0009-67252018000200009>. Acesso em: 20 mar. 2020.

Pietrocola (2004) afirma que parece "claro que as ciências e a arte, apesar de diferentes em vários aspectos, compartilham muitos aspectos comuns [...] seria de se esperar que arte e ciência fossem ambas fontes de prazer". Nesse pensamento, o autor aproxima o caráter curioso, investigativo e prazeroso de ambas as atividades que abrem caminhos para planejamentos diferenciados de ensino-aprendizagem em sala de aula, principalmente em perspectiva interdisciplinar.

Já Cachapuz (2014) explica ser essencial o diálogo entre arte e ciência tanto no ensino quanto na formação de professores, enfatizando a importância na contemporaneidade dessa formação interdisciplinar, pois, em uma educação de caráter humanista, é necessário promover o encontro entre o "mundo da verdade" e o "mundo da beleza".

Esse encontro entre o que Cachapuz (2014) denominou "mundo da verdade" e "mundo da beleza" ocorreu com uma artista-cientista: a já citada Maria Sibylla Merian, ilustradora, pintora e estudiosa da metamorfose dos insetos. Seus trabalhos constituem um legado artístico-científico sem precedentes para o período histórico em que viveu, considerando que, à época, a crença na abiogênese – teoria segundo a qual os seres vivos surgem espontaneamente da matéria sem vida – era grande por parte de muitos renomados cientistas.

Essa artista-cientista estudou a metamorfose dos insetos, do ovo ao indivíduo adulto, e, em seus diários de campo, com muita cautela, identificou as características de cada período de seu desenvolvimento, bem como os retratou em suas obras de arte. Por isso, ao estudar a obra da artista, torna-se possível, partindo de seus estudos sobre os insetos, incentivar os estudantes a buscar por esse conhecimento, compreendendo os insetos como seres fundamentais para o equilíbrio biológico, bem como a metamorfose desses seres, inclusive com observações sistemáticas na natureza.

A transposição didática da obra foi estudada por Machado e Miquelin (2016a). Ao entrar em contato com a história e a filosofia da ciência dessa artista-cientista, os estudantes conheceram suas telas em aquarela e, em um par-artesanal-tecnológico, reproduziram imagens de insetos na natureza e dos respectivos ciclos de vida. Assim, demonstraram, em pesquisa, que a ciência, a arte e a tecnologia podem (e devem) caminhar juntas nas salas de aula da educação básica.

🔌 Sinapse

Par-artesanal-tecnológico: termo para designar os trabalhos de calcogravura de Merian, no Renascimento, e a fotografia digital atual em estudo de insetos.

Essa transposição didática pode inspirar outras:

> no quadro de uma visão não redutora e não segmentada do conhecimento, quais as semelhanças que as unem e de que modo tal visão diacrônica Arte/Ciência pode melhorar a qualidade da educação em ciências oferecida aos alunos e dar uma oportunidade aos professores para irem mais além das rotinas e burocracia a que frequentemente são submetidos nas suas escolas. Não é tarefa fácil. (Cachapuz, 2014, p. 105)

Oliveira, Rocque e Meirelles (2009) destacam que a união entre arte e ciência traz possibilidades inovadoras no ensino, principalmente com a crise de criatividade que vive nossa educação. Por isso, o diálogo entre essas áreas gera possibilidades de uma nova didática no ensino, aproximando a cultura artística da cultura científica em sala de aula.

Nesse contexto, o Quadro 4.2, a seguir, traz um exemplo de planejamento sistêmico-integrador entre Arte e Ciência tendo como inspiração a obra de Maria Sibylla Merian citada anteriormente.

Quadro 4.2 – Exemplo de organização de um planejamento integrador entre Arte e Ciência nos três momentos pedagógicos de Delizoicov, Angotti e Pernambuco (2009)

Tema	Maria Sibylla Merian e o estudo dos insetos
Problematização inicial	Propor os questionamentos: "Você já ouviu falar de Maria Sibylla Merian e sua obra artística-científica? Quais seres vivos ela representava e o que suas imagens demonstram?"
Organização do conhecimento	• Apresentar a Placa 11 do livro *Insetos do Suriname* (1705) e solicitar aos estudantes que descrevam suas percepções, inclusive a respeito dos seres vivos retratados nela. Essa placa está disponível em: <http://sammlungen.ub.uni-frankfurt.de/frankfurt/content/pageview/4604322>. Acesso em: 20 mar. 2020. • Dialogar com os estudantes sobre as observações, os seres vivos representados e o ciclo de vida da mariposa da tela. • Verificar outros insetos que os alunos conhecem, bem como a importância ecológica desses seres e o respectivo *habitat*. • Pesquisar as características gerais dos insetos e as principais ordens desses seres. • Representar, com massa de modelar, um inseto e as partes básicas do corpo (cabeça, tórax, abdômen, patas, antenas, asas etc.), assim como o ciclo de vida de uma mariposa. • Apresentar as representações para a turma. • Pesquisar as relações entre insetos e polinização. • Apresentar os resultados da pesquisa para a turma.
Aplicação do conhecimento	Construir um portfólio de imagens de insetos na rede social Instagram, relacionando os animais a seu *habitat* natural. Se possível, fotografar ciclos de vida de espécies diversas.

Fonte: Elaborado com base em Machado; Miquelin, 2016b.

No Quadro 4.2, considerou-se a obra de Maria Sibylla Merian. Outros artistas-cientistas citados anteriormente podem fazer parte desse planejamento sistêmico de união entre arte e ciência. Quais outros artistas-cientistas podem potencializar boas relações de ensino-aprendizagem na escola básica? Quem e em qual período retratou seres vivos, o corpo humano, a natureza, as modificações ambientais? De que forma é possível transpor essas obras para as relações de ensino-aprendizagem? Essas questões são propositais e visam instigar a curiosidade dos professores em formação para que novas aproximações exitosas entre arte e ciência rendam bons planejamentos na educação básica, bem como novas pesquisas em ensino de Ciências e Biologia.

Síntese proteica

Demonstramos, neste capítulo, que, como afirma Edgar Morin, teórico da complexidade, a fragmentação do saber no ensino de Biologia precisa urgentemente ser substituída por um ensino contextualizado, integrado e *complexus*, no significado "daquilo que é tecido junto" (Morin, 2013), no qual o todo é muito mais que a soma das partes e, por isso, precisa ser compreendido e ensinado em suas relações de interligação e contextualização de saberes.

Nesse sentido, a Biologia, com seu saber próprio, não precisa restringir-se aos conceitos biológicos isolados de seu contexto. Trata-se de uma disciplina de forte integração com a Física e a Química, por exemplo. Aliás, muitos historiadores naturais eram, além de exímios biólogos, excelentes estudiosos dessas outras duas disciplinas. Além disso, a arte, meio de divulgação dos conhecimentos científicos em diferentes épocas e na atualidade, instiga propostas integralizadoras entre arte e ciência.

Também defendemos a necessidade de os professores em formação ousarem em planejamentos menos fragmentados e mais contextualizados, entrelaçando a cultura científica e a cultura das humanidades (entre elas a artística) nas aulas de Biologia.

Prescrições da autora

Artigos

MACHADO, E. F.; MIQUELIN, A. F.; GONÇALVES, M. B. A modelagem molecular como mediadora da aprendizagem da estrutura e da função da molécula de DNA. **Revista Novas Tecnologias na Educação**, v. 15, n. 2, dez. 2017. Disponível em: <https://seer.ufrgs.br/renote/article/view/79187>. Acesso em: 20 mar. 2020.

Artigo que contempla uma proposta interdisciplinar de trabalho em sala de aula, envolvendo as disciplinas de Química e Biologia para o estudo da molécula de DNA.

GONÇALVES, M. B. **Modelagem molecular no ensino de ciências**. Disponível em: <https://modelagemmolecular.wixsite.com/marcos>. Acesso em: 20 mar. 2020.

Proposta de inserção da modelagem molecular nas aulas de Ciências e suas contribuições ao ensino-aprendizagem de disciplinas como a Química, a Física e a Biologia.

MACHADO, E. F.; MIQUELIN, A. F. **Guia de construção do insetário virtual**. 15 mar. 2016. Disponível em: <https://insetario virtua.wixsite.com/insetario-virtual>. Acesso em: 20 mar. 2020.
Elaborado com base no paradigma da complexidade, esse guia traz uma proposta de trabalho interdisciplinar da Arte--Ciênica e Tecnologia.

MACHADO, E. F.; MIQUELIN, A. F. Maria Sibylla Merian: uma mulher transformando ciência em arte. **Revista História da Ciência e Ensino**, v. 18, p. 88-105, 2018. Disponível em: <https://revistas.pucsp.br/hcensino/issue/view/1945/show Toc>. Acesso em: 20 mar. 2020.
Artigo que aborda a vida e a obra da naturalista Maria Sibylla Merian (1647-1717) e as possibilidades de trabalhos no paradigma da complexidade nas aulas de Biologia.

Filme

BEE Movie: a história de uma abelha. Direção: Steve Hickner e Simon J. Smith. EUA: Dreamworks, 2007. 95 min.
Filme que auxilia, na educação básica, a discutir o papel dos insetos, mais especificamente das abelhas, no equilíbrio dos ecossistemas em uma relação complexa. Permite a transposição didática para o estudo sistêmico da vida.

Livros

CASTRO, G.; CARVALHO, E. de A.; ALMEIDA, M. da C. de (Org.). **Ensaios da complexidade**. Porto Alegre: Sulina, 2006.
Reúne artigos de diversos autores com discussões sobre a abordagem da complexidade necessária ao século XXI.

MORIN, E. **Os setes saberes necessários à educação do futuro**. Tradução de Catarina Eleonora F. Silva e Jeanne Sawaya. São Paulo: Cortez, 2000.

O autor discute o ensino-aprendizagem com base no paradigma da complexidade, enfatizando a importância de preparar o educador nesse paradigma.

MORIN, E. **A religação dos saberes**: o desafio do século XXI. Tradução de Flávia Nascimento. 11. ed. Rio de Janeiro: Bertrand do Brasil, 2013.

Livro concebido com o objetivo de refletir sobre a religação dos saberes, fragmentados na atualidade, conduzindo à uma visão hologramática do conhecimento.

Site
THE MARIA SIBYLLA MERIAN SOCIETY. Disponível em: <http://www.themariasibyllameriansociety.humanities.uva.nl/>. Acesso em: 20 mar. 2020.

Disponibiliza fontes primárias e secundárias sobre a artista naturalista contribuindo para transposições didáticas com enfoque arte-ciência para o ensino-aprendizagem.

Rede neural

1. Por que a própria ciência assumiu um caráter fragmentado, segundo estudos de Popper, Lakatos, Khun e Feyerabend?
   - **A** Porque, para esses filósofos da ciência, o positivismo exerceu grande influência na produção científica do século XIX, validando uma única forma de produzir o conhecimento científico pelo denominado *método científico*.

B Porque, para dar conta dos diferentes níveis de conhecimento das mais variadas áreas do saber, essa fragmentação foi necessária.

C Porque a ciência só poderia de fato analisar os diferentes fenômenos da realidade se abandonasse a visão holística a seu respeito.

D Porque é da natureza dos campos do saber que os respectivos conhecimentos sejam fragmentados, para facilitar a análise do todo em partes.

E Nenhuma das anteriores.

2. Por que a arte pode transformar-se em um elo entre as culturas científicas e das humanidades na sala de aula?

   A Porque os conhecimentos das ciências e das humanidades são absolutamente compatíveis, só precisam de um meio que os ligue.

   B Porque a arte, em alguma medida, tem origem nesses dois campos do conhecimento.

   C Porque a ciência e as humanidades utilizam-se da arte como instrumento máximo de transmissão dos respectivos conhecimentos.

   D Porque, como conhecimento humano, a arte ultrapassa a linearidade e a fragmentação dos conhecimentos ainda presentes nos currículos de Biologia.

   E Todas as anteriores.

3. Sobre o pensamento complexo de Edgar Morin, analise as afirmativas a seguir e indique V para as verdadeiras e F para as falsas. Depois, assinale a alternativa que apresenta a sequência correta:

( ) O positivismo teve fortes influências na organização fragmentada dos currículos escolares.

( ) Edgar Morin defende um ensino com base na contextualização e na consideração das partes em detrimento do todo. Para ele, se o estudante apropriar-se das partes do conteúdo, em algum momento, será capaz de relacioná-las.

( ) Vários estudos sobre arte e ciência na educação básica já foram realizados, no entanto, muitos campos de pesquisa ainda poderão incluir a investigação dessa temática no ensino de Ciência.

A) F, F, F.
B) V, F, V.
C) V, V, V.
D) V, V, F.
E) F, V, F.

4. Sobre a modelagem molecular no ensino, analise as afirmativas a seguir e, em seguida, assinale a alternativa correta:

I) A modelagem molecular é uma metodologia de estudo de moléculas e de suas combinações por meio de modelos, computacionais ou não.

II) A área da farmacologia utiliza a modelagem molecular para testar as interações medicamentosas.

III) Transpor a metodologia da modelagem molecular para a educação básica poderá trazer benefícios pedagógicos e de interação entre a biologia, a física e a química.

IV) Não há relatos de experiências nem pesquisas sobre essa temática no ensino de Biologia.

- **A** Todas as alternativas são incorretas.
- **B** Todas as alternativas são corretas.
- **C** I, II e III são corretas.
- **D** I, II e IV são corretas.
- **E** I e III apenas são corretas.

5. Atualmente, a arte no ensino das Ciências tem contribuído para um pensamento complexo e sistêmico, integrando a história da ciência com a Biologia, a Física e a Química. Sobre esse elo entre arte e ciência, é possível afirmar:
    - **A** Ocorre cotidianamente na prática pedagógica dos professores nas escolas.
    - **B** Os livros didáticos trazem muitas contribuições desse elo em suas transposições didáticas.
    - **C** Representa um desafio ao educador do século XXI com pesquisas e transposições didáticas que consideram a complexidade dos saberes.
    - **D** Não há trabalhos com evidências significativas de ensino-aprendizagem na área.
    - **E** A transposição didática dos conteúdos biológicos, de forma disciplinar, ainda se caracteriza como a melhor forma de ensinar.

Biologia da mente

Análise biológica

1. O livro *As estruturas das revoluções científicas*, de Thomas Kuhn, é um clássico da epistemologia da ciência. Quem foi esse escritor e quais são suas considerações sobre a produção científica? Quais são as aproximações de seu trabalho com o pensamento da complexidade de Edgar Morin?

2. A modelagem molecular em Biologia traz contribuições para o ensino de moléculas fundamentais para a vida, no que diz respeito à estrutura química e à fisiologia nas células e tecidos. Explique como esses aplicativos poderiam ser utilizados para o ensino das proteínas e dos ácidos nucleicos aos estudantes da escola básica.

No laboratório

1. Considere a ilustração a seguir de Leonardo da Vinci:

Figura 4.3 – Ilustração anatômica de Leonardo da Vinci

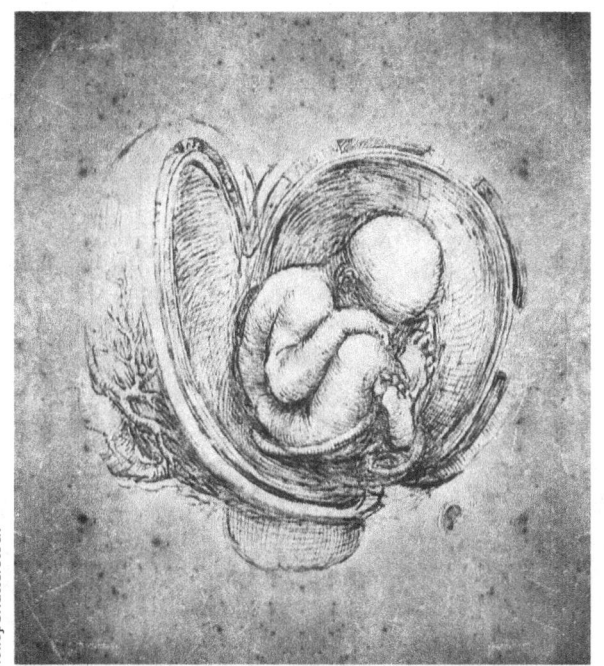

lolloj/Shutterstock

Pesquise mais sobre essa ilustração e organize um planejamento nos três momentos pedagógicos para as aulas de Biologia.

CAPÍTULO 5

TECNOLOGIAS DIGITAIS NO ENSINO DE BIOLOGIA,

Estrutura da matéria

As tecnologias estão cada vez mais imbricadas em nosso cotidiano: utilizamos computadores, *smartphones*, projetores, *smart TVs* e *tablets* para acessar informações, para nos atualizarmos e para aprender. Na educação e no espaço escolar, as tecnologias também estão presentes e podem mediar boas práticas pedagógicas, afinal, trabalhamos com uma geração denominada *nativa digital*, que domina os recursos tecnológicos e consegue utilizá-los em uma série de atividades.

Dessa forma, neste capítulo, trabalharemos os fundamentos das tecnologias digitais e seu papel na mediação de situações de ensino-aprendizagem. Ressaltamos que usar as tecnologias digitais não é a tão sonhada solução para todos os problemas da educação básica. Ao contrário, planejar situações de mediação que as aproveitem é tão importante quanto o planejamento de outras atividades realizadas na escola. Assim, é fundamental visar sempre à mediação em um esquema conhecimento-tecnologia-estudante cujo objetivo principal seja aprender.

Diante desse contexto, apresentaremos formas de inserir aplicativos, preferencialmente gratuitos, para o ensino de Biologia, bem como de planejar estudos biológicos mediados por esses recursos. Entre as possibilidades de uso de aplicativos na disciplina, podemos citar os vídeos produzidos pelos estudantes, principalmente quando as produções são orientadas pelos professores e desenvolvidas com o intuito de agir em temas do cotidiano, como resolver problemas locais de preservação do ambiente e trazer propostas de prevenção de doenças. Além disso, as redes sociais também podem ser exploradas, pois contribuem para a elaboração de materiais por parte dos estudantes e atuam como recursos de socialização da aprendizagem.

Em suma, demonstraremos como a construção de planejamentos com tecnologias digitais constitui-se em um desafio para os professores no exercício do pensamento complexo com a integração dos saberes em uma sala de aula dinâmica mediada por elas.

5.1 Fundamentos das tecnologias digitais no ensino de Biologia

Segundo Valente (1997), o uso inteligente do computador e de qualquer outra tecnologia na educação ocorre quando as ações pedagógicas incorporam esse elemento na qualidade de mediadora de processos de ensino-aprendizagem. Quando o recurso tecnológico é utilizado para transmitir conteúdos, isso acontece, geralmente, de maneira acrítica e não reflexiva.

🔌 Sinapse

O uso inteligente das tecnologias digitais caracteriza-se por um processo que deve considerar sempre o processo pedagógico voltado à construção do conhecimento e à sua efetiva apropriação, como defendido nas teorias cognitivistas e humanistas de ensino-aprendizagem, de modo que a mera transmissão de conhecimentos seja substituída por **processos colaborativos, analíticos e sintéticos** em integração constante da tecnologia como mediadora da aprendizagem (Valente, 1997).

Quando há a relação de mediação entre estudante, computador e conhecimento, cria-se um âmbito em que o aluno descreve, executa, reflete e depura soluções para a construção do conhecimento. Mais ainda: a mediação tecnológica permite a **integração de disciplinas** na solução de problemas com o professor agindo como orientador do processo.

Por isso, a formação inicial e continuada dos professores de Biologia precisa contar com reflexões sobre as tecnologias – principalmente as tecnologias digitais de informação e comunicação (TDIC). Dessa forma, na prática de sala de aula, elas serão utilizadas efetivamente nesse processo de mediação, evitando seu emprego como simples instrumento de transmissão do conhecimento, nos moldes de outros recursos presentes na escola.

Nesse caso, convém considerar os diferentes perfis de usuários. Vivemos em uma sociedade com diversos recursos: *smart TVs*, computadores, *tablets*, projetores, consoles de jogos e, principalmente, *smartphones*. Os estudantes do século XXI, denominados *nativos digitais*, já nasceram rodeados e integrados a essa riqueza de recursos. Há também os chamados *imigrantes digitais*, pessoas do fim do século XX que, por necessidade, precisaram aprender a incorporar essas tecnologias no dia a dia. E temos de contar ainda que, em uma sociedade como a brasileira, em processo desenvolvimento, muitos são os designados como *analfabetos digitais* (Prensky, 2012).

Considerando essa proficiência tecnológica dos estudantes da escola básica, incorporar as tecnologias digitais no ensino-aprendizagem exige conhecimentos do potencial que elas trazem. Não é mais possível retirá-las do contexto pedagógico. Pelo contrário, professores precisam conhecê-las, introduzi-las em suas aulas e, com pesquisas, avaliar seus pontos positivos e negativos, comparando as dinâmicas com vários estudos já existentes sobre a temática.

💊 Vitaminas essenciais

Além disso, os currículos escolares precisam abrir espaços para a incorporação das tecnologias digitais por mais dois motivos. Em primeiro lugar, porque, na maioria das vezes, elas fazem parte de um currículo oculto, já que este envolve valores, atitudes e práticas do cotidiano não presentes no oficial. Dessa maneira, essa incorporação é urgente, já que ainda são poucos os professores que fazem uso desses recursos, pois, muitas vezes, sentem-se despreparados para incorporá-las, desconhecem teorias que deem suporte para essa iniciativa e acreditam ser necessário maior conhecimento sobre tais ferramentas. Em segundo lugar, elas fazem parte do cotidiano dos estudantes, e integrá-las de forma interdisciplinar contribui para a aprendizagem (Tezani, 2011).

Assim, Paiva (2013) destaca a importância da formação do professor para o uso da tecnologia afirmando que, desde o Plano Nacional de Educação de 2001, os cursos de formação de professores deveriam contemplar o domínio das novas tecnologias para os licenciados do magistério com desenvolvimento de materiais inovadores no que se refere à mediação em sala de aula.

> Nas ações docentes, acredito que quanto mais professores incorporem as tecnologias em suas atividades docentes, tanto na graduação quanto na pós-graduação, mais possibilidades

teremos de difundir as inovações e influenciar positivamente futuros professores a se apropriarem das TICs. Paralelamente, disciplinas específicas sobre novas tecnologias deveriam ser oferecidas, tanto para graduandos como pós-graduandos, de forma a levar os futuros docentes a não apenas usar a tecnologia, mas a refletir sobre as práticas sociais mediadas por ela. (Paiva, 2013, p. 222)

O Ministério da Educação (MEC) já disponibilizou a instalação de laboratórios de informática, bem como a capacitação de professores para alcançar a tão almejada proficiência tecnológica. Na última década, muitas pesquisas envolvendo tecnologias no ensino foram desenvolvidas por professores em exercício na educação básica, formando um quadro amplo de conhecimentos sobre a questão.

Miquelin (2009), em sua tese de doutorado, destaca a terminologia *usuário-leigo* para definir a relação de educadores com a tecnologia e defende a importância da proficiência tecnológica para alcançar o sucesso pedagógico na sala de aula.

💊 Vitaminas essenciais

Dohn Ihde (2017), filósofo estadunidense da tecnologia, também parte desse princípio de relação entre humano e tecnologia. A incorporação das tecnologias e a interpretação que damos a elas nas atividades cotidianas contribuem para a micropercepção (sentidos) e a macropercepção (cultura). Por isso, essa relação é uma inter-relação dessas duas percepções. Se essa inter-relação for adequadamente compreendida no contexto escolar, as tecnologias, sem dúvida, terão papel mediador no ensino-aprendizagem, caracterizando o uso inteligente das tecnologias digitais em sala de aula.

Se as tecnologias digitais são parte da cultura e dos sentidos,

> cabe ressaltar que, além do aspecto cognitivo, essas tecnologias também despertam a relação afetiva, à medida que combinam textos, imagens, animações e possibilitam alcançar o objetivo traçado. A educação escolar não pode ignorar o ponto de vista afetivo que envolve o uso das tecnologias digitais. (Tezani, 2011, p. 100)

Assim, os aplicativos, os vídeos, as redes sociais, os ambientes virtuais de aprendizagem, entre outras tecnologias digitais, devem despertar a reflexão a respeito dos objetivos de sua inserção no ensino, sempre com um questionamento em mente: Ao inserir processos mediados por tecnologia, desejo continuar trabalhando como de costume ou tenho a intenção de **transformar** o espaço educativo? Quando a opção for a segunda, muitas mediações tecnológicas de sucesso ocorrerão no espaço da escola, mudando significativamente as relações entre professor, estudantes e tecnologia.

5.2 Aplicativos para o ensino de Biologia

Como explicamos anteriormente, os aplicativos para o ensino de Biologia constituem-se em uma tecnologia digital em potencial para a mediação pedagógica em sala de aula. Considerando as habilidades tecnológicas dos estudantes da atualidade, esses recursos são capazes de proporcionar uma aprendizagem ativa, interativa e cooperativa, bem como personalizada, se forem produzidos pelos professores nas respectivas realidades.

💊 Vitaminas essenciais

Aplicativos são programas de computador cujo objetivo está em auxiliar o usuário a resolver atividades, tarefas ou problemas do cotidiano. Eles estão relacionados à mobilidade, à geolocalização, aos serviços e, também, à educação, fornecendo subsídios para o estudo de idiomas e disciplinas escolares.

Na biologia, muitos aplicativos vêm sendo desenvolvidos ultimamente. Vários ainda reproduzem as aulas tradicionais, com perguntas e respostas, os famosos *quizz*, que, se utilizados com uma boa proposta pedagógica, podem mediar práticas interessantes. No entanto, no planejamento das aulas, os professores precisam conhecer aplicativos que incentivem ainda mais a curiosidade e a pesquisa por parte dos estudantes, possibilitando uma aprendizagem significativa.

Pesquisas realizadas no Google Play permitiram listar, como demonstramos no Quadro 5.1, a seguir, aplicativos gratuitos para o ensino de Biologia na escola básica. Com essas ferramentas, distribuídas em áreas da disciplina, é possível planejar de forma a incorporar as tecnologias digitais em sala de aula e potencializar a aprendizagem dos estudantes já familiarizados com elas.

Quadro 5.1 – Aplicativos para o ensino de Biologia na escola básica

Área da biologia	Aplicativos	Potencialidades pedagógicas
Anatomia e fisiologia	• Anatomia Humana • Órgãos Internos • Sistema Ósseo 3D • Anatomia 3D de A a Z	Contribuem para a visualização tridimensional das estruturas anatômicas do corpo humano, relacionando-as à fisiologia.
Botânica	• PlantSnap • Ervas • iNaturalist	Observação e catalogação de plantas do cotidiano, bem como de ervas, plantas medicinais e sua origem. Permite ao estudante conhecer espécies nativas e exóticas dos ambientes ao seu entorno.
Zoologia	• Zoology • Identificador de Insetos • iNaturalist	Estudo da zoologia e avaliação da profissão do zoólogo. Permitem identificar espécies de insetos, entre diversas outras, em uma comunidade de pesquisadores dos animais.
Citologia	• Células • The Cell • Mitosis and Meiosis • Biologia Aumentada	Observação das estruturas celulares e dos mecanismos fisiológicos das células eucariontes. Podem ser aplicados a realidades educacionais em que não há microscópio; e potencializam observações em microscópios por meio da comparação com modelos propostos nos aplicativos.
Ecologia e educação ambiental	• Ecoapp • Deixe sua Pegada Ecológica • Defensor da Natureza • Trilha Ecológica	Interação com o meio ambiente e reflexões sobre as atitudes com o espaço habitado; propondo iniciativas de preservação ambiental.
Evolução	• Biografia de Charles Darwin	Explica detalhadamente a história de Charles Darwin e a construção da teoria da seleção natural.

(continua)

(Quadro 5.1 – conclusão)

Área da biologia	Aplicativos	Potencialidades pedagógicas
Parasitologia e microbiologia	• Bactérias 3D Educacional Interativo RV • ToxoplasmApp • MalariaSpot	Diversidade da forma das bactérias para estudo e reconhecimentos de seres da espécie na microscopia. Apresenta fases do desenvolvimento do toxoplasma. Quanto à malária, contribui para a identificação do parasita vetor da doença.
Genética	• Segundo Mendel • Calculadora Olhos Bebê • Genética Molecular	Apresentam a história da genética, cruzamentos genéticos em situações reais e hipotéticas, bem como curiosidades sobre a genética molecular, ramo da biologia, em pleno desenvolvimento.

Além dos aplicativos listados, alguns podem ser desenvolvidos utilizando a linguagem Logo, programas como Scratch (MIT Media Lab, 2019) e, mais recentemente, o MIT App Inventor (Massachusetts Institute of Technology, 2013). Essas linguagens de programação são acessíveis para os professores tanto na formação inicial quanto na continuada. Ainda que o Quadro 5.1 demonstre a existência de inúmeros aplicativos, a transposição desses recursos para a sala de aula normalmente enfrenta uma distância enorme entre os objetivos de ensino-aprendizagem e o que eles oferecem. Por isso, conhecer a programação "em blocos" dessas linguagens e desses programas contribui para que educadores possam desenvolver aplicativos de acordo com suas realidades.

Machado et al. (2019) realizaram estudos sobre as potencialidades do **MIT App Inventor** na construção de aplicativos educacionais. Por se tratar de uma ferramenta gratuita e intuitiva de construção de aplicativos, os autores fizeram um levantamento de propostas já realizadas para a educação e, mais especificamente, para o ensino de Ciências e Biologia, e verificaram que ainda há poucas produções na área. Por isso,

> Na formação inicial de docentes da área de Ciências da Natureza seria interessante introduzir a lógica da programação com o App Inventor analisando as potencialidades de desenvolver aplicativos para a educação básica e, planejando os aplicativos, desenvolvendo e, inclusive testando-os com estudantes nas disciplinas de Física, Química, Biologia e Ciências para a validação da eficácia no ensino.
>
> Quanto a formação continuada, cursos com a lógica de programação do App Inventor, o planejamento, o desenvolvimento e teste do aplicativo desenvolvido poderiam ser desenvolvidos no interior das escolas, em metodologias de pesquisa-ação, contribuindo para a autoria dos professores em propostas de ensino-aprendizagem que valorizem as tecnologias digitais em suas salas de aula (Machado et al., 2019, p. 215)

Diante das poucas produções para o ensino, o desafio na formação de professores de Biologia reside em criar situações criativas e reflexivas de ensino-aprendizagem e transformá-las em um objeto educacional inovador e atraente para os estudantes, ou seja, em aplicativos para os nativos digitais.

💊 Vitaminas essenciais

É fundamental lembrar que aplicativos e simuladores também apresentam limitações, pois são generalistas e simulam o trabalho do biólogo ou do sistemata (criador de sistemas de classificação), por exemplo. Dessa maneira, comparar suas informações com os conhecimentos produzidos por esses profissionais é muito importante na apropriação correta de conceitos e fenômenos.

5.3 Autoria de vídeos no ensino de Biologia

Quando pensamos em vídeos nas salas de aula, precisamos considerar os estudantes e a aprendizagem que realizam hoje, em um mundo mediado pelas diversas imagens produzidas e compartilhadas. Com os *smartphones*, produções que antes dependiam de câmeras e filmadoras são facilmente realizadas e transformadas, com programas de edição, em vídeos no estilo de filmes, propagandas, animações, documentários, entrevistas, anúncios, entre tantos outros gêneros.

Os vídeos elaborados pelos alunos devem ter propósitos claros de ensino-aprendizagem, contemplando temas contemporâneos e de sua realidade, para que se tornem desafiadores tanto na organização da proposta quanto na disseminação da iniciativa para a comunidade local.

⚕ Vitaminas essenciais

Uma produção em vídeo, realizada conforme essa perspectiva, ocorreu em uma sala de aula em que leciono e sob minha orientação. Pensando que, no âmbito da sociedade contemporânea, é preciso avançar no processo de disseminação, aplicação e uso do conhecimento em torno da saúde e de outros assuntos relacionados à qualidade de vida, urge a proposição de práticas pedagógicas de prevenção aos agentes transmissores de doenças, principalmente àqueles que afetam os povos latino-americanos. Em razão dessa demanda, estudantes do ensino médio elaboraram um roteiro e um vídeo de prevenção contra o *Aedes aegypti*, popularmente denominado *mosquito da dengue*.

A existência do *Aedes aegypti* é um tema importante de estudo na escola básica, na medida em que, em virtude de seu potencial de transmissão de doenças como a dengue, a *chikungunya* e a febre amarela, constitui-se em fonte de preocupação de inúmeras comunidades. Dessa forma, surge a necessidade de ações pedagógicas de cunho sociocientífico na escola básica que envolvam a comunidade na prevenção de tais doenças.

Assim, com o intuito de promover essas ações de prevenção de doenças e de promoção da saúde, o MEC lançou, no ano de 2016, o edital do "Concurso Pesquisar e Conhecer para Combater", cujo objetivo era a participação de todos os níveis da educação básica e do ensino superior para a elaboração de iniciativas locais de prevenção contra a proliferação do popularmente chamado *mosquito da dengue*.

Estudantes da escola básica do Estado do Paraná foram autoras do vídeo "Draw my life – o mosquito da dengue" (Draw..., 2016), tendo como base investigações sobre a reprodução do *Aedes* e a prevenção contra o inseto, utilizando, para seu estudo, a tecnologia das câmeras dos *smartphones* e disponibilizando o material resultante no canal YouTube.

O vídeo produzido foi assistido por estudantes, professores, pais, equipe pedagógica, entre outros membros da comunidade escolar. No final do ano de 2016, após a premiação do vídeo, conforme edital do concurso mencionado, esse material contava com 1.545 visualizações e, hoje, conta com mais de 4.000. Trata-se, portanto, de um produto autoral que envolveu o protagonismo das estudantes, que desenvolveram competências e atitudes de pesquisa e comunicação relacionadas aos conhecimentos sociocientíficos, direcionadas à solução de problemas locais em saúde com objetivo de melhorar a qualidade de vida.

No mesmo modelo de produção, a Secretaria do Estado de Segurança Pública do Paraná promove, desde o ano de 2017, um concurso de produção de vídeos de prevenção contra o uso de drogas. A cada ano, um edital próprio rege o concurso, para o qual estudantes enviam vídeos, com tempo específico, sobre a temática de drogas lícitas e ilícitas e a prevenção contra seu uso. Os melhores vídeos são exibidos nos cinemas do estado em períodos de férias ou recesso escolar.

Com esse mesmo protagonismo e atento a uma temática tão importante, o Departamento Estadual de Políticas Públicas sobre Drogas (DEPSP) também dispõe de um concurso, com categorias de premiação entre as escolas públicas e privadas, que apresenta em seu canal vídeos representativos que tratam da questão.

O Quadro 5.2, a seguir, mostra esse protagonismo dos estudantes nessas produções dos últimos três anos. Os vídeos apresentam possibilidades de propostas desafiadoras em temas regionais fundamentais no ensino de Biologia de cada região:

Quadro 5.2 – Vídeos premiados nos dois últimos concursos estaduais de produção de material audiovisual sobre prevenção às drogas

Ano	Escola pública	Escola privada
2017	C.E. SAGRADA família – Campo Largo/PR – 1º lugar públicas no 1º Concurso Cultural de DEPSD/DESP-PR. Disponível em: <https://www.youtube.com/watch?v=aerTLOOPdrI>. Acesso em: 20 mar. 2020.	COL. MARISTA Santa Maria – Curitiba/PR – 1º Lugar Privadas no 1º Concurso Cultural do DEPSD/SESP-PR. Disponível em: <https://www.youtube.com/watch?v=CtlWfDqdTYs>. Acesso em: 20 mar. 2020.
2018	COLÉGIO Estadual Sagrada Família – Drogas: Uma Escolha Cinzenta (2018). Disponível em: <https://www.youtube.com/watch?v=pTWwCeYT92o>. Acesso em: 20 mar. 2020.	COLÉGIO Sesi: O Checklist (2018). Disponível em: <https://www.youtube.com/watch?v=tsrY0lCG1nY>. Acesso em: 20 mar. 2020.
2019	C.E. SAGRADA família – Campo Largo/PR – 1º lugar públicas no 3º Concurso Cultural de DEPSD/DESP-PR – Dois caminhos e uma escolha. Disponível em: <https://www.youtube.com/watch?v=ZryyHXyKOgM>. Acesso em: 20 mar. 2020.	COLÉGIO Sesi. 1º lugar escolas privadas 2019 no 3º Concurso Cultural de de DEPSD/DESP-PR. Disponível em: < https://www.youtube.com/watch?v=QD_2WnmBjxk>. Acesso em: 20 mar. 2020.

Fonte: DEPSD – SESP PR, 2020.

Você pode perceber que as TDIC exerceram um papel fundamental nesse processo como mediadoras de práticas investigativas em ciência, tecnologia e sociedade (CTS), possibilitando tanto o levantamento de informações como a produção e a disseminação de conhecimentos. Por isso, cabe aos professores desta geração aderir às campanhas ou às propostas dos órgãos governamentais quando forem pertinentes. Ainda, se for o caso, as próprias escolas e seu corpo docente-discente podem contribuir para o protagonismo dos alunos planejando atividades educativas que permitam avanços na elaboração, divulgação, aplicação e uso do conhecimento em torno da atuação dos alunos na promoção da saúde com a mediação das tecnologias – neste último exemplo, especialmente, a produção dos vídeos. Além disso, para Reis (2014), as ferramentas *on-line* têm grande poder no desenvolvimento de habilidades de comunicação e argumentação e, portanto, podem ser muito úteis para iniciativas ativistas na comunidade de estudantes, uma vez que o conhecimento passa a ser ativamente construído por constante interação.

5.4 Redes sociais no ensino de Biologia

◖● Vitaminas essenciais

Redes sociais são espaços diversos e variados de interação virtual cujos usuários compartilham imagens, vídeos, mensagens relacionadas à vida pessoal e profissional. Na educação, as mais utilizadas são Facebook, WhatsApp, YouTube, Instagram, Twitter e Edmodo, bem como blogues desenvolvidos por professores ou em parceria com estudantes. Daremos destaque a essas redes sociais, no entanto, convém pontuar que, com o rápido avanço que as tecnologias digitais vêm alcançando, outras redes poderão apresentar grande potencialidade na educação e, por isso, cabe aos professores buscar conhecê-las e explorar seu potencial.

No ensino de Biologia, professores têm ousado na mediação das redes sociais na produção colaborativa de conhecimentos e realizado pesquisas com bons resultados no ensino-aprendizagem dos estudantes, que se conectam às mais variadas redes de relacionamento virtual. Segundo Silva e Bezerra (2015), as redes interativas mais utilizadas pelos estudantes em suas pesquisas são o Facebook, o WhatsApp e o YouTube.

💊 Vitaminas essenciais

O **Facebook** surgiu no ano de 2004, nos Estados Unidos. De lá para cá, popularizou-se e abriu espaço para o surgimento de novas redes sociais. Com uma plataforma de fácil acesso e bastante interativa, muitos educadores têm aproveitado esse potencial para promover situações de ensino-aprendizagem com a socialização de informações, ideias, vídeos, reportagens. Segundo Ramiro et al. (2015), a geração de nativos digitais faz uso constante dessa rede e apresenta grande facilidade em utilizá-la. Nesse sentido, concluiu, em pesquisa, que se trata de um recurso que estende o espaço de ensino para além da sala de aula, permite a interação dos estudantes e a interdisciplinaridade e contribui para que as informações sejam compartilhadas em um mesmo local com a união de imagem, texto, vídeo etc., tornando-se um ambiente virtual de aprendizagem (AVA) com atividades planejadas e compartilhadas entre um grupo de estudo. Além disso, essa rede social garante a

> participação dos alunos nas discussões e postagens [...] assim como o uso de diferentes TIC [tecnologias da informação e comunicação], demonstrando a aprovação e gosto dos educandos por essa metodologia. Ao mesmo tempo que [contribui] para uma construção significativa e colaborativa dos conhecimentos biológicos. (Ramiro et al., 2015, p. 688)

Seguindo a lógica desses autores, Silva (2015, p. 5) mediou situações de ensino-aprendizagem com o Facebook e concluiu:

> O uso de redes sociais como o *Facebook*, permite aos alunos desenvolver capacidades de pesquisa, análise, reflexão e avaliação crítica da informação de forma a torná-las membros ativos e participativos no processo de ensino-aprendizagem. O uso do *Facebook* promove experiências de aprendizagem interativa e colaborativa. Durante o processo de ensino e aprendizagem, é fundamental buscar nos estudantes uma maior autonomia, e, mais importante ainda, que a prática pedagógica do professor não deva ser voltada somente ao aspecto tecnológico, mas, sobretudo na diversificação de metodologias que promovam nos estudantes o pensamento crítico e reflexivo.

Assim, essas pesquisas demonstram vantagens a serem exploradas nessa rede social e em outras presentes no dia a dia dos estudantes, tal como o **WhatsApp**. Esta, por sua vez, é utilizada para a organização diária de suas vidas. Nas salas de aula, é muito comum os chamados *grupos da turma*, em que são compartilhados tarefas, trabalhos, apresentações de seminários, textos, vídeos, discussões, enfim, assuntos pertinentes à rotina escolar. É importante que professores de Biologia percebam a pertinência de enviar textos, vídeos, animações, entre outros recursos, para compartilhamento nesses grupos, facilitando a disseminação de informações sem o uso excessivo de papéis de impressão. Como professora de Biologia e Ciências, adoto a prática de envio de materiais digitais para evitar gasto excessivo de papel na escola, em respeito ao meio ambiente.

A produção de vídeos, como explicamos anteriormente, pode ser compartilhada em canais de uma rede muito acessada pelos estudantes: o **YouTube**. Essa plataforma foi criada em 2005 e incorporada pelo Google em 2006. Trata-se de um *site* de compartilhamento de vídeos que possibilita a criação de canais para divulgação dos conteúdos. Muitos professores de Biologia têm canais exclusivos para a divulgação de conhecimentos biológicos, bem como de trabalhos de seus alunos. Da mesma forma que em outras redes sociais, incentivar a socialização e a interação com os vídeos dos colegas é essencial para o sucesso dessa proposta pedagógica de mediação das redes sociais. Ainda há o **YouTube Edu**, uma plataforma com videoaulas de diversos temas, bem atuais e que discutem temas científicos de interesse dos discentes, principalmente aqueles que estão preparando-se para vestibulares e para o Exame Nacional do Ensino Médio (Enem).

Silva, Pereira e Arroio (2017) destacam que estudantes do ensino médio utilizam constantemente a linguagem dos vídeos do YouTube como complemento aos estudos de sala de aula nas disciplinas científicas (Química, Física e Biologia), bem como frisam que essa plataforma se constitui como uma forma de estudar ciências para os jovens, pois "A visualização de vídeos ocorre de maneira natural, por ser um hábito dessa geração conectada. O interesse pelo tema de trabalho em aula pode ser estimulado por meio de outros vídeos disponíveis" (Silva; Pereira; Arroio, 2017, p. 46).

📋 Prescrição da autora

Além das aulas já prontas e vídeos que estão no YouTube, o melhor modo de explorar essa rede social está em criar canais próprios para o ensino de Biologia de acordo com a realidade local. Professores e estudantes podem gerenciar as produções, inseri-las e socializá-las, tornando-se **protagonistas da construção de conhecimentos com as TDIC**. Caso se interesse pelo assunto, a seguinte referência pode ser pertinente:

6 CANAIS do YouTube para estudar Biologia. **Universia**, 16 mar. 2018. Disponível em: <https://noticias.universia.com.br/cultura/noticia/2018/03/16/1159149/6-canais-youtube-estudar-biologia.html>. Acesso em: 20 mar. 2020.

O **Instagram**, rede social de compartilhamento de fotos e vídeos, também pode contribuir muito para o ensino de Biologia. Criada em 2010, essa plataforma potencializa algumas atividades de observação de seres vivos na natureza. Tendo em vista que, atualmente, nossos estudantes têm pouco contato com seres vivos, incentivá-los à busca de espécies por meio do registro fotográfico (coletas virtuais) e possível catalogação dos seres desses grupos contribui para o conhecimento anatômico e fisiológico das espécies, assim como viabiliza a observação em *habitat* natural e a aprendizagem da classificação biológica.

Sinapse

Machado e Miquelin (2016a) propõem, em oposição às coletas de espécimes que não podem mais ocorrer na escola básica, as denominadas *coletas virtuais* com a construção de insetários virtuais, tendo como local de socialização do material a rede social Instagram. Os autores constataram um processo de aprendizagem efetiva nessa atividade, bem como os benefícios dessa plataforma para o ensino da observação e o registro sistemático de espécies. Dessa maneira, diversas coletas virtuais podem ser potencializadas pelo Instagram, com planejamentos que incentivem o contato com a natureza pela observação e pela preservação do ambiente.

💊 Vitaminas essenciais

Já a **Edmodo**, criada em 2008, é uma rede social educativa que permite a criação de salas de aula virtuais e a disponibilização de diversos recursos acessados em computadores e em dispositivos móveis. Esse instrumento estende a sala de aula para além do espaço físico da escola. Os professores organizam nessa rede um AVA e disponibilizam os mais variados materiais para leitura, análise e discussão, realizando as mediações necessárias à aprendizagem.

Costa, Pereira e Bonifácio (2017, p. 11-12) estudaram as potencialidades dessa rede especificamente no ensino de Biologia. Para os autores, "A utilização da plataforma Edmodo se mostrou uma ferramenta com potencial para a melhoria do ensino de Biologia, pois, propiciou uma aprendizagem mais ativa (criando circunstâncias para que os alunos pudessem se expressar) e mais independentemente (ajustada a cada aluno)". Como um ponto a ser analisado, destacam que "é preciso considerar que para o professor, essa ferramenta traz implicações no seu tempo investido no processo de ensino-aprendizagem". Mesmo com os prós e contras, conhecer o Edmodo e realizar um exercício de planejamento de uma sala virtual para o ensino de conteúdos de Biologia pode estimular docentes e discentes na prática da alfabetização científica e tecnológica.

Há inúmeras possibilidades de mediação das redes sociais no ensino de Biologia, entre elas as citadas aqui, já estudadas e pesquisadas com sucesso para fins pedagógicos. Entretanto, vale lembrar:

> Abordar as TIC no contexto da formação e no contexto do exercício profissional das diversas profissões requer muito mais que a inserção e uso de determinados recursos materiais, tecnológicos; requer uma mudança de postura, a quebra do paradigma hierárquico do processo de ensino e construção do conhecimento no contexto educacional [...] para tanto, torna-se necessário que abordemos a construção do conhecimento como um processo que se dá numa perspectiva de rede, com vistas ao desenvolvimento de um trabalho colaborativo, onde a formação mediada pelas TIC apresentam possibilidades para a constituição de redes de construção do conhecimento, de trocas de experiências e de formação que oportunizem aos sujeitos que atuam na docência e na discência no ensino superior e na educação básica, uma melhor compreensão do processo formativo e das demandas apresentadas para efetivação de práticas curriculares como experiências de formação que cultivam o exercício da autonomia, da criatividade e da inventividade como fundamentos e princípios para o acontecer do processo de ensino aprendizagem. (Sales, 2016, p. 222)

Desse modo, a aprendizagem mediada por TDIC precisa estar fundamentada nos princípios descritos para que estas sejam exitosas na escola, considerando sempre o estudante um sujeito de um processo dinâmico, interativo e colaborativo nas redes sociais.

5.5 Construção de práticas de ensino de Biologia mediadas por tecnologias digitais

Conhecendo o potencial das tecnologias digitais e seu caráter de mediação no processo de ensino-aprendizagem, é preciso ousar e conceber práticas pedagógicas que as envolvam. Por isso, na sequência, apresentamos trabalhos com planejamentos flexíveis a diferentes realidades, para que essas tecnologias possam ser reorganizadas conforme as necessidades locais.

5.5.1 Aplicativo PlantSnap no ensino de Botânica

A botânica caracteriza-se como uma área da biologia responsável pelo estudo da anatomia e da fisiologia vegetal. Muitas vezes, o ensino dos conteúdos dessa área da biologia ocorre de forma fragmentada e verbalística, impedindo um contato maior dos estudantes com o ambiente em que as plantas estão inseridas. Nesse contexto, as sugestões apresentadas a seguir trazem um planejamento para a catalogação de plantas pelos estudantes com a mediação do aplicativo PlantSnap (PlantSnap Inc., 2020). Trata-se de um *software* de identificação de plantas por meio da utilização das câmeras dos *smartphones*. Através de fotos das flores ou das folhas, o aplicativo identifica a planta e aponta o nome científico (conhecido, portanto, em qualquer parte do mundo), bem como o reino, a divisão, a classe, a ordem e o gênero segundo as regras da nomenclatura biológica. Outras informações são sua origem, seu *habitat* e sua descrição. A geolocalização também aparece na coleta virtual. No Quadro 5.3, a seguir, observamos a organização de um planejamento de aula com o PlantSnap.

Quadro 5.3 – Identificação de plantas com o PlantSnap

Tema	Identificação e classificação das plantas
Estudo da realidade ou problematização	• Quais tipos de plantas você tem em sua casa ou no entorno dela? • Qual o nome popular dessas plantas? Para que você as utiliza? • Você sabe se essas plantas são nativas ou se foram introduzidas na região? • Sintetize suas respostas.
Organização do conhecimento	• Aplicativo PlantSnap. • Plantas naturais e introduzidas (exóticas): conceitos. • Mecanismos de introdução de plantas em *habitats*. • Plantas e relações com o meio e o ser humano.
Aplicação do conhecimento	• Coleção das plantas para reconhecimento da importância de cada uma para o meio.

Fonte: Elaborado com base em Delizoicov; Angotti; Pernambuco, 2009.

Além das ideias do Quadro 5.3, novas atividades, de acordo com a realidade local, podem ser inseridas conforme cada docente entrar em contato com a realidade na qual leciona, bem como problematizações novas podem ser elencadas.

5.5.2 Roteiro de elaboração de um vídeo educativo de prevenção ao HIV

No ensino de Biologia, as doenças – de natureza genética, adquiridas pelos hábitos de vida ou transmitidas por vetores – e a prevenção contra elas atraem a atenção dos estudantes em aula, pois muitas constituem casos de epidemia ou de endemia e são consideradas fatores preocupantes de saúde pública. Uma delas é a Aids (Síndrome da Imunodeficiência Adquirida), que afeta inúmeros brasileiros, entre eles crianças e jovens do ensino fundamental e médio das escolas. Mesmo que conte com tratamento, não tem cura, e a prevenção acaba sendo o caminho para evitá-la.

Sinapse

Considerando que os adolescentes e os jovens precisam conhecer para prevenir – assim como vimos com relação à dengue –, uma proposta interessante é o estudo da Aids, com pesquisas e produção de material audiovisual de prevenção contra a doença. Como discutimos anteriormente, os vídeos são uma boa maneira de socialização de informações. Além disso, com a disponibilidade de câmeras e de programas de edição gratuitos, torna-se uma atividade que instiga o protagonismo dos alunos.

No Quadro 5.4, a seguir, apresentamos um planejamento de construção de um vídeo voltado à prevenção do HIV (vírus da imunodeficiência humana).

Quadro 5.4 – Vídeo de prevenção ao HIV

Tema	Prevenção da Aids
Estudo da realidade ou problematização	• Você já ouviu falar da Aids? • O que você sabe sobre a doença? Qual o agente causador? Qual a população mais atingida? Quando surgiu? • Existem programas de prevenção ou apoio à portadores do HIV em sua cidade? Quais?
Organização do conhecimento	• História da Aids. • Conceitos de Aids e HIV. • Causas da Aids. • Populações mais atingidas pelo HIV na atualidade. • Mecanismos de prevenção do HIV. • Adolescência e HIV.

(continua)

(Quadro 5.4 – conclusão)

Tema	Prevenção da Aids
Aplicação do conhecimento	• Após os estudos sobre a Aids, elaborem, em equipes, um vídeo de um minuto a um minuto e meio sobre a prevenção contra o HIV na adolescência.

Fonte: Elaborado com base em Delizoicov; Angotti; Pernambuco, 2009.

A Aids foi escolhida nesse exemplo por ser considerada uma epidemia mundial. Levando-se em consideração a diversidade biológica e a grande quantidade de espécies parasitas em nosso país, outras doenças, inclusive as denominadas *doenças negligenciadas* – ou seja, aquelas que atingem as populações mais carentes dos países em desenvolvimento ou às quais os programas de saúde pública destinam pouca atenção – podem ser exploradas em pesquisas e resultar em vídeos interessantes de esclarecimento aos estudantes e à comunidade escolar em que se encontram.

5.5.3 Construção de um insetário virtual com o Instagram

O Instagram, como vimos, é uma rede social em potencial para a socialização de fotos, possibilitando sua edição e a inclusão de legendas. Como as fotos fazem parte do dia a dia dos estudantes, esse potencial também pode ser aproveitado em sala de aula para o estudo da Biologia. Por meio dessa plataforma, é possível propor a análise de ecossistemas e de espécies locais.

Uma prática desenvolvida por Machado (2016) foi a confecção de insetários virtuais com a mediação do Instagram. Trata-se de uma atividade interdisciplinar de estudo dos insetos, tal como fazia a artista-cientista Maria Sibylla Merian. O exercício trouxe evidências da aprendizagem sobre os insetos em meio natural, bem como a importância que as TDIC assumem nos processos pedagógicos.

⚡ Sinapse

Insetários virtuais são possíveis, já que coletas de espécies para preservação, mesmo de insetos muito abundantes nos *habitats*, não são permitidas na escola básica. Além disso, a atividade também incentiva a preservação ambiental.

No Quadro 5.5, a seguir, apresentamos um planejamento com a mediação do Instagram.

Quadro 5.5 – Construção de um insetário virtual com o Instagram

Tema	Conhecendo os insetos com o Instagram
Estudo da realidade ou problematização	• Quais insetos você conhece perto de sua residência? • Qual a sensação que você tem quando vê um inseto? Por quê? • Por que os insetos são importantes? Descreva. • Em que situações os insetos não são bem-vindos na sociedade? Explique. • Você já observou insetos? Quais?
Organização do conhecimento	• O filo dos artrópodes. • Características anatômicas dos insetos. • *Habitat* dos insetos. • Importância ecológica e econômica dos insetos • Classificação dos insetos em reino, filo, classe e ordem.
Aplicação do conhecimento	• Coleta virtual de insetos mediada pelo aplicativo Instagram, com legenda das fotos indicando nome popular do inseto, local de coleta, reino, filo, classe e ordem.

Fonte: Elaborado com base em Delizoicov; Angotti; Pernambuco, 2009.

Outras coletas virtuais podem ser incentivadas, como de flores, folhas, fungos, espécies de moluscos etc. Todas elas dependerão da região de atuação de cada docente e da disponibilidade maior de determinadas espécies em relação a outras. Explorar o meio também é um fator de incentivo ao conhecimento da diversidade ecológica nessa atividade.

5.5.4 Criação de uma sala virtual no Edmodo para estudar a evolução segundo Charles Darwin

O Edmodo é uma rede social com possibilidades de criação de ambientes virtuais para estudo de temáticas que extrapolam o espaço da sala de aula. Criar um AVA contribui para que os estudantes acessem os conteúdos em outros momentos e lugares que não os da escola, ampliando a colaboração, a cooperação e a construção do conhecimento. Dessa forma, estudar o Edmodo e escolher um tema pode trazer resultados satisfatórios para a prática docente e para o aprendizado dos discentes. Trata-se de uma rede social muito semelhante, na utilização, ao Facebook, apesar de se tratar de uma rede educativa em que é possível organizar uma comunidade de aprendizagem (apenas professores, estudantes e seus responsáveis), dando acesso a materiais didáticos diversos (textos, vídeos etc.), compartilhar mensagens em fóruns, entregar atividades e receber *feedback* dos educadores. Outras redes sociais educativas também podem contribuir para essas atividades, dependendo da proficiência tecnológica dos professores no uso desses recursos.

No Quadro 5.6, a seguir, escolheu-se o tema da evolução, que sempre gera polêmicas e discussões em sala e que, ao ser aprofundado, contribui para uma construção correta de conceitos na escola básica.

Quadro 5.6 – Construção de uma sala virtual: "Darwin e a evolução biológica"

Tema	Evolução
Estudo da realidade ou problematização	• O que você entende por evolução? • Quais as principais ideias sobre evolução biológica que você já ouviu? • Você já leu algo ou assistiu a algum conteúdo sobre Charles Darwin? O que você lembra sobre o tema? • Qual foi a principal ideia defendida por Darwin em seus estudos? Que bases ele utilizou para defender essas ideias?
Organização do conhecimento	• Rede social Edmodo e organização da sala virtual "Darwin e a evolução das espécies". • Cadastro dos estudantes na rede educativa Edmodo e chave de acesso para os alunos. • Textos, vídeos e documentários para os estudantes sobre a vida de Charles Darwin, a viagem no navio HMS Beagle, a obra de Darwin elaborada antes, durante e depois da viagem, o papel de Alfred Wallace na teoria da evolução.
Aplicação do conhecimento	• Participar nos fóruns propostos na rede social. • Compartilhar materiais sobre a evolução biológica proposta por Charles Darwin. • Elaborar um mapa conceitual ou mental como avaliação do aprendizado.

Fonte: Elaborado com base em Delizoicov; Angotti; Pernambuco, 2009.

Com essa sala virtual, é possível conhecer a rede educativa, e outros temas científicos poderão ser trabalhados e aprofundados com a mediação de redes sociais. Enfatizamos: ousar com as TDIC exige estudo e disponibilização de conteúdos que transformem as práticas educativas.

Síntese proteica

Explicamos, neste capítulo, que as TDIC são parte da vida de professores e estudantes, sendo utilizadas para as mais diversas finalidades, com uma linguagem que envolve variados recursos e atrai a atenção para a aprendizagem. Por isso, existem inúmeras maneiras de mediar relações de ensino-aprendizagem por meio delas, tornando-se necessário conhecê-las para potencializar seus efeitos na escola.

Assim, aplicativos, vídeos, entre outros materiais audiovisuais, e redes sociais podem contribuir para que professores, em formação inicial e continuada, ousem estender a aprendizagem para além dos muros escolares, transformando essa tarefa em uma atividade de muita curiosidade, pesquisa e protagonismo juvenil. No entanto, para o êxito das propostas com TDIC, é preciso conhecer as tecnologias disponíveis e os conteúdos biológicos em profundidade.

📋 Prescrições da autora

Filme
A REDE social. Direção: David Fincher. EUA: Sony Pictures, 2010. 120 min.

Filme produzido no ano de 2010 que conta a história do criador da rede social Facebook, uma das mais utilizadas na última década e que deu origem a outras redes sociais, inclusive educativas.

Livros

FUNDAÇÃO TELEFÔNICA VIVO. **Experiências avaliativas de tecnologias digitais na educação**. São Paulo, 2016. Disponível em: <http://fundacaotelefonica.org.br/wp-content/uploads/pdfs/experiencias_avaliativas_portugues.pdf>. Acesso em: 20 mar. 2020.
Livro disponível *on-line* com textos de diversos autores relatando experiências da mediação das TDIC no Brasil e em outros países da América do Sul.

HETKOWSKI, T. M.; RAMOS, M. A. **Tecnologias e processos inovadores na educação**. Curitiba: CRV, 2016.
Livro que reúne artigos de pesquisas sobre as TDIC em diversas áreas e modalidades educacionais. Esses textos contribuem com a reflexão sobre o papel atual das tecnologias em ambientes educativos.

Sites

COSTA, L. H. S. da; PEREIRA, R. P. de M.; BONIFÁCIO, K. M. O uso do Edmodo como ferramenta de apoio ao ensino de biologia em um instituto federal. **Revista Tecnologias na Educação**, ano 9, v. 19, jul. 2017. Disponível em: <http://tecedu.pro.br/wp-content/uploads/2017/07/Art11-vol19-julho2017.pdf>. Acesso em: 20 mar. 2020.
O artigo apresenta resultados de uma pesquisa com estudantes de uma escola politécnica cujo objetivo era avaliar as contribuições do Edmodo no ensino de Biologia para uma aprendizagem mais ativa e mais atraente.

MACHADO, E. F. et al. APP Inventor: da autoria dos professores à atividades inovadoras no ensino de ciências. **Revista Brasileira de Ensino de Ciência e Tecnologia**, p. 204-219, 2019. Disponível em: <https://periodicos.utfpr.edu.br/rbect/article/view/9594>. Acesso em: 20 mar. 2020.
Artigo de revisão da literatura sobre a utilização do APP Inventor nas aulas de Ciências. Contempla as possibilidades e limitações do uso desse *software* para a elaboração de materiais pedagógicos por professores e estudantes.

NASCIMENTO, L. M. C. de T.; GARCIA, L. A. M. Promovendo o protagonismo juvenil por meio de *blogs* e outras redes sociais no ensino de biologia. **Novas Tecnologias na Educação**, v. 12, n. 1, p. 1-10, 2014. Disponível em: <https://seer.ufrgs.br/renote/article/view/50279>. Acesso em: 20 mar. 2020.
Artigo em que as autoras elencam três categorias de análise (protagonismo, interatividade e concepções dos alunos sobre blogues) ao realizarem a intervenção nas aulas de Biologia. Nesse trabalho, as estudiosas constataram a colaboração dos estudantes, um maior interesse pela biologia e o protagonismo na construção do blogue.

RAMIRO, A. Z. et al. O potencial da rede social Facebook no apoio e mediação das aulas de biologia do 1º ano do Ensino Médio Politécnico da Escola Estadual de Educação Básica de São Leopoldo Ost. **Revista Eletrônica em Gestão, Educação e Tecnologia Ambiental**, p. 681-689, 2015. Disponível em: <https://periodicos.ufsm.br/reget/article/view/15560/pdf>. Acesso em: 20 mar. 2020.
Estudo realizado com estudantes de ensino médio analisando as potencialidades e as limitações do Facebook no

ensino-aprendizagem de Biologia, considerando-o como mediador de atividades que extrapolam o espaço e o tempo da sala de aula.

SILVA, M. J. da; PEREIRA, M. V.; ARROIO, A. O papel do YouTube no ensino de ciências para estudantes do Ensino Médio. **Revista de Educação, Ciências e Matemática**, v. 7, n. 2, p. 35-55, maio/ago. 2017. Disponível em: <http://publicacoes.unigranrio.edu.br/index.php/recm/article/download/4560/2524>. Acesso em: 20 mar. 2020.

Os autores analisaram o papel no YouTube no ensino de Ciências (Química, Física e Biologia) com estudantes do ensino médio e chegaram à constatação de que eles têm recorrido aos vídeos dessas disciplinas em seus estudos, fato que possibilita reflexões sobre o trabalho em sala e as dinâmicas entre o real e o virtual na aprendizagem dessas disciplinas.

Rede neural

1. Qual é o enfoque que os professores precisam dar ao introduzir as tecnologias digitais no contexto educativo?
   A) Os professores precisam concentrar-se no caráter tecnicista das tecnologias, já que preparam o aluno para o mercado de trabalho.
   B) Os professores precisam priorizar o aspecto econômico das tecnologias, visto que só alunos de classes sociais mais abastadas devem ter acesso a esses recursos.

C Os professores precisam enfocar no aspecto puramente científico das tecnologias, uma vez que só por meio da ciência se chega ao conhecimento da disciplina de Biologia.

D As tecnologias digitais não são necessárias para o ensino da Biologia.

E Os professores precisam enfocar o caráter mediador das tecnologias para o processo de ensino-aprendizagem.

2. Segundo o texto-base e o autor Prensky (2012), qual foi o perfil dos nativos digitais e dos imigrantes digitais?

A Os estudantes do século XXI são denominados *nativos digitais* porque já nasceram rodeados e integrados às tecnologias digitais, as quais fazem parte do cotidiano. Já os imigrantes digitais são pessoas do fim do século XX que, por necessidade, precisaram aprender para incorporá-las no dia a dia.

B Os chamados *nativos digitais* são aqueles profissionais já devidamente habituados com as tecnologias concebidas nos últimos anos do século XX para o início do XXI, e os imigrantes digitais são os trabalhadores que tiveram de se atualizar para utilizá-las.

C Os nativos digitais são pessoas habituadas com a tecnologia advinda de meados do século XX, absolutamente analógica, e os imigrantes digitais são os indivíduos que já nasceram em um contexto em que a tecnologia digital se tornou parte do cotidiano.

D Todas as alternativas estão corretas.

E Nenhuma das alternativas está correta.

3. Sobre os fundamentos das tecnologias digitais no ensino de Biologia, analise as afirmativas a seguir e indique V para as verdadeiras e F para as falsas. Depois, assinale a alternativa que apresenta a sequência correta:
   ( ) As tecnologias digitais podem melhorar consideravelmente a educação, basta introduzi-las na aula para seu êxito.
   ( ) As tecnologias digitais precisam estar presentes na formação inicial e continuada dos professores, para que esses recursos atuem como mediadores de processos significativos de ensino-aprendizagem.
   ( ) As tecnologias digitais podem potencializar situações significativas de ensino-aprendizagem, desde que estejam amparadas por teorias da aprendizagem cujo objetivo seja a verdadeira apropriação dos conhecimentos.
   A V, V, V.
   B F, F, F.
   C F, V, V.
   D V, F, F.
   E F, F, V.

4. Com relação à modelagem molecular no ensino, analise as afirmativas a seguir e, em seguida, assinale a alternativa correta:
   I) Quando a tecnologia é utilizada com o intuito de transmitir conteúdos ou promover o ensino, ela assume a característica de mera ferramenta, que, inclusive, pode substituir o papel do professor, caracterizando o uso pelo uso, de forma acrítica e não reflexiva.

II) O uso inteligente das tecnologias digitais caracteriza-se por um processo que considera sempre o processo pedagógico visando à construção do conhecimento e à sua efetiva apropriação.

III) A proficiência tecnológica não é tão importante quanto parece para que os educadores tenham sucesso pedagógico em suas ações de sala de aula.

A) Todas as alternativas são corretas.
B) I e II são corretas.
C) I e III são corretas.
D) II e III são corretas.
E) Todas as alternativas são incorretas.

5. Quanto à produção de vídeos pelos estudantes, é possível afirmar que contribui para o desenvolvimento de habilidades e competências como:
A) a memorização e a reprodução de ideias.
B) o protagonismo e a construção de conhecimentos.
C) a reprodução dos conceitos e a divulgação.
D) a criação de canais em redes sociais e a transmissão do conhecimento.
E) a memorização e a construção dos conhecimentos.

Biologia da mente

Análise biológica

1. Várias práticas pedagógicas são realizadas para a alfabetização digital mediada pelas TDIC. No livro *Experiências avaliativas de tecnologias digitais na educação*, apresentam-se algumas experiências curriculares – com estudos de eficácia e limitações – dos países da América do Sul. Uma dessas

experiências é o Plano Ceibal, realizado no Uruguai. Cobo (2016) descreve a experiência e a avaliação da iniciativa. Leia o texto e reflita sobre as potencialidades e as limitações do Plano Ceibal.

2. Utilizando as palavras-chave "tecnologias" e "ensino de Ciências" pesquise, na base Scielo, um artigo sobre experiências de mediação das tecnologias, no ensino de Ciências e/ou Biologia em sala de aula. Organize uma tabela com os prós e os contras da experiência pedagógica.

No laboratório

1. Escolha um tema de ensino de Biologia, preferencialmente ligado à sua realidade local, e organize uma sala virtual no Edmodo. Inscreva seus estudantes, disponibilize materiais e avalie a interação deles nesse espaço educativo.
2. Pesquise no Google Play ou no AppStore e organize uma lista atualizada de aplicativos de Biologia. Escolha um desses aplicativos e organize uma mediação pedagógica com ele.

CAPÍTULO 6

AVALIAÇÃO NO ENSINO DE BIOLOGIA

Estrutura da matéria

A avaliação é um fator importante do processo de ensino-aprendizagem. Utilizar diversos recursos e estratégias, colocar os estudantes em contato com as aulas práticas, a experimentação, a produção de modelos didáticos, a construção de mapas mentais e conceituais de nada adiantará se a avaliação continuar sendo de caráter punitivo, priorizando a memorização de conceitos biológicos.

Vitaminas essenciais

É preciso compreender a avaliação como parte do processo em que professores e estudantes tem um *feedback* do trabalho desenvolvido em sala de aula, observando pontos positivos e negativos das atividades didático-pedagógicas realizadas. Quando a avaliação passa a ser compreendida dessa forma, várias práticas de ensino podem ser avaliadas e revistas, assim como podem propiciar a aprendizagem, objetivo principal da escola e dos educadores.

 Caracterizar os processos avaliativos em Biologia, observar como eles ocorreram e ainda ocorrem nas escolas, analisar provas de exames nacionais e vestibulares para compreender a contextualização exigida aos estudantes do século XXI e entender a importância de um planejamento nas avaliações são ações que auxiliam os professores de Biologia na elaboração de práticas avaliativas reflexivas e emancipatórias, para além das punitivas.

 Da mesma maneira, entender as avaliações dos livros didáticos (LD) e como julgá-los auxilia na escolha de materiais apropriados à realidade escolar, desprovidos de estereótipos ou preconceitos. Muitos são os educadores produtores de excelentes recursos didáticos para o ensino de Biologia.

É a compreensão da avaliação que possibilita ao professor desenvolver seus próprios materiais e elaborar, de acordo com a realidade que o cerca, sequências didáticas (SD) inovadoras, contextualizadas e pertinentes ao contexto local.

6.1 Avaliação no ensino-aprendizagem de Biologia

A avaliação no ensino de Biologia segue os pressupostos das realizadas nas demais disciplinas da educação básica. Na prática docente, em razão da realidade escolar, tanto física como de recursos humanos, ela continua apresentando as características de memorização de conceitos, classificação dos estudantes e forma de punição de atitudes consideradas inadequadas pelos professores.

Luckesi (2002) afirma que, em nossas escolas, ocorre a "pedagogia do exame", que enfatiza as provas, a promoção e os resultados imediatos obtidos, caracterizando um processo de seletividade social.

> Se os procedimentos de avaliação estivessem articulados com o processo de ensino-aprendizagem propriamente dito, não haveria possibilidade de dispor-se deles como se bem entende. Estariam articulados com os procedimentos de ensino e não poderiam, por isso mesmo, conduzir ao arbítrio. No caso, a sociedade é estruturada em classes e, portanto, de modo desigual; a avaliação da aprendizagem, então, pode ser posta, sem

a menor dificuldade, a favor do processo de seletividade, desde que utilizada independentemente da construção da própria aprendizagem. No caso, a avaliação está muito mais articulada com a reprovação do que com a aprovação e daí vem sua contribuição para a seletividade social, que já existe independentemente dela. A seletividade social já está posta: a avaliação colabora com a correnteza, acrescentando mais um "fio d´água". (Luckesi, 2002, p. 26)

Podemos elencar três tipos principais de avaliação na educação básica, conforme apresentado na Figura 6.1, a seguir.

Figura 6.1 – Tipos de avaliação

Avaliação classificatória
- Muito presente nas disciplinas de Biologia, valoriza os resultados quantitativos obtidos com provas, sendo a nota atribuída à aprendizagem.

Avaliação diagnóstica
- Prioriza os conhecimentos prévios dos estudantes e, após um diálogo inicial, rodas de conversa ou atividades como as propostas por Bozza (2016), verifica o nível de apropriação dos conhecimentos biológicos por eles.

Avaliação formativa
- Objetiva acompanhar o processo de ensino-aprendizagem na sala de aula e, por isso, diversos instrumentos podem ser utilizados para a organização de um parâmetro evolutivo do aprendizado dos estudantes.

Uma avaliação diagnóstica e formativa na Biologia deverá estar atrelada aos objetivos de ensino e procedimentos metodológicos adotados em sala de aula, evitando a descontextualização do processo avaliativo ao currículo proposto na escola, bem como a postura de avaliar para punir. Segundo Krasilchik (2005, p. 137-138),

> Diante da multiplicidade das funções da avaliação, fica evidente a necessidade de cautela no momento de decidir sobre a escolha, a construção e a aplicação dos instrumentos de verificação da aprendizagem e sobre a análise dos seus resultados. Um dos primeiros cuidados, e de primordial importância, é a preparação de instrumentos que sejam coerentes com os objetivos propostos pelo professor no seu planejamento curricular.

Assim, Krasilchik (2005) propõe planejar as avaliações da mesma maneira como se planejam as aulas e atividades diárias da rotina escolar. Para a autora, é importante que os professores de Biologia organizem a periodicidade das provas, o tempo das atividades avaliativas e os instrumentos de avaliação. Apresentar para os estudantes esse planejamento também evita a prática avaliativa autoritária, dando origem a um processo diagnóstico e, ao mesmo tempo, democratizando o processo avaliativo (Luckesi, 2002).

Sinapse

Silva e Bezerra (2015) pesquisaram os instrumentos de avaliação mais utilizados na disciplina de Biologia – atividades do LD, provas escritas, seminários e debates – e, diante da constatação de que os utilizados pelos docentes ainda são pouco diversificados, propuseram oficinas com práticas variadas para a educação básica. Como oficinas didáticas e jogos, assim concluindo:

É importante que o professor utilize diversificados instrumentos avaliativos, de forma a proporcionar ao aluno o desenvolvimento da capacidade crítica-reflexiva diante dos conteúdos abordados na escola. Conduzir o discente a ser um mero copiador de trechos do livro não proporciona aprendizagem significativa.

Em vista da realidade encontrada nas turmas, a intervenção pedagógica do PIBID [Programa Institucional de Bolsas de Iniciação à Docência] – Biologia foi positiva, inserindo instrumentos de avaliação que proporcionaram ao aluno construir seu próprio conhecimento. Destaca-se ainda que jogos e oficinas inseridos no cotidiano da sala de aula melhoraram potencialmente o processo de aprendizagem dos discentes. Sem deixar de valorizar os seminários, debates, provas e resolução de atividades do livro didático que também são essenciais no processo de avaliação, desde que bem conduzidos pedagogicamente.
(Silva; Bezerra, 2015, p. 12-13)

Considerando todas as estratégias didáticas apresentadas no Capítulo 2, os professores de Biologia têm condições de inseri-las como potenciais instrumentos de avaliação, diversificando a prática avaliativa em sala de aula: os debates, as demonstrações, as simulações, as experimentações, bem como as saídas de campo, podem gerar relatórios descritivos, mapas de conceitos, mapas mentais, vídeos, publicações em redes sociais com cunho avaliativo.

Quando passa a fazer parte do processo de ensino-aprendizagem, a avaliação não fica isolada em um momento único, que gera tensão desnecessária entre os estudantes. A valorização dos conhecimentos prévios dos estudantes faz-se presente, bem como os avanços na apropriação dos conhecimentos e os pontos a serem revistos na prática pedagógica se tornam verificáveis. A avaliação diagnóstica da realidade revela-se um "momento dialético de 'senso' do estágio em que se está e de sua distância em relação à perspectiva que está colocada como ponto a ser atingido à frente" (Luckesi, 2002, p. 35).

Conhecer a realidade dos estudantes e seus conhecimentos prévios também contribui para uma **prática avaliativa democrática e emancipatória**. Uma problemática encontrada pelos professores de Biologia reside na **transição do ensino fundamental para o ensino médio** e nos conhecimentos trazidos como bagagem cultural para a nova etapa da escolarização. Com o intuito de avaliar esse repertório, Bozza (2016) desenvolveu um produto educacional cujo objetivo consiste em avaliar o conjunto de conhecimentos biológicos dos estudantes, fundamentais para o trabalho docente-discente. Com o material, os professores conseguem, de forma orientada, realizar um diagnóstico da realidade. Como afirma a autora:

> O Produto Educacional – Entrando no Ensino Médio: Caderno de Avaliação Diagnóstica de Conteúdos em Biologia foi formulado e implantado para atingir os objetivos acima descritos, mas não tinha a pretensão de encontrar a solução para o problema da fragmentação e deficiência de conteúdos biológicos na passagem do Ensino Fundamental para o Ensino Médio. A pesquisa efetuada mostrou que esta questão é muito mais abrangente do que se pensa e não seria possível solucioná-la sem um trabalho de cooperação muito maior. No entanto, a proposta da utilização deste Caderno pode auxiliar na identificação das deficiências encontradas nos alunos com relação aos conteúdos científicos

quando adentram ao Ensino Médio. Utilizar um caderno com questões investigativas nesse sentido mostrou ser um recurso bastante válido, mas é apenas um dos recursos que devem ser explorados. (Bozza, 2016, p. 36)

Realizando o diagnóstico e tendo a base das Orientações Curriculares para o Ensino Médio (Brasil, 2006), a proposta da avaliação da aprendizagem pressupõe o que foi discutido anteriormente: julgar se os objetivos educacionais foram cumpridos no processo de ensino-aprendizagem, bem como adotar novas metodologias e estratégias, caso se verifique que esses objetivos não foram atingidos no processo. Dessa forma, os Parâmetros Curriculares Nacionais para o Ensino Médio (PCN+) destacam o que se espera do processo avaliativo em Biologia:

- retratar o trabalho desenvolvido;
- possibilitar observar, interpretar, comparar, relacionar, registrar, criar novas soluções usando diferentes linguagens;
- constituir um momento de aprendizagem no que tange às competências de leitura e interpretação de textos;
- privilegiar a reflexão, análise e solução de problemas;
- possibilitar que os alunos conheçam o instrumento assim como os critérios de correção;
- proporcionar o desenvolvimento da capacidade de avaliar e julgar, ao permitir que os alunos tomem parte de sua própria avaliação e da de seus colegas, privilegiando, para isso, os trabalhos coletivos. (Brasil, 2006, p. 32)

Nesse sentido, quanto à avaliação escolar, e especificamente na Biologia, é preciso chamar a atenção para a necessidade de professores em formação e professores já formados refletirem sobre a prática docente e o desenvolvimento de uma educação de qualidade. Educação que não seja pautada na exclusão e, sim, na inclusão, capaz de formar cidadãos críticos, participativos e propositivos comprometidos com a construção de um mundo mais justo, solidário e ético. (Coutinho; Rezende, 2015, p. 15)

6.2 Análise de provas de Biologia dos exames nacionais e vestibulares

Tendo em vista que, ao final do Ensino Médio, os estudantes realizam vestibulares e o Exame Nacional do Ensino Médio (Enem), cabe ao professor de Biologia trabalhar questões desses exames na dinâmica das aulas para que os alunos compreendam como elas são estruturadas e como os conteúdos são postos em avaliação, geralmente contextualizados e de forma interdisciplinar. Segundo Cavalcante et al. (2006, citado por Santos; Cortelazzo, 2013, p. 593) "o Enem está organizado em três eixos: a contextualização, a situação problema e a interdisciplinaridade. A problematização além de ser um eixo importante para esse exame é uma condição primária para a aprendizagem significativa, a qual incorpora a teoria do construtivismo".

As áreas temáticas mais abordadas nas avaliações do Enem em Biologia bem como as habilidades que os estudantes precisam desenvolver na escola básica, no que se refere ao estudo dessa disciplina, estão distribuídas da seguinte forma, conforme mostra a Figura 6.2, a seguir.

Figura 6.2 – Conteúdos e habilidades frequentemente cobrados no Enem em avaliações de Biologia

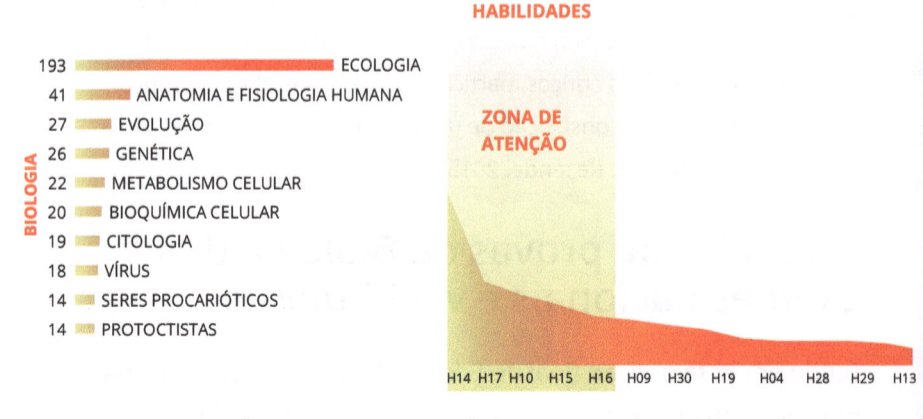

BIOLOGIA		HABILIDADES
193	ECOLOGIA	
41	ANATOMIA E FISIOLOGIA HUMANA	ZONA DE ATENÇÃO
27	EVOLUÇÃO	
26	GENÉTICA	
22	METABOLISMO CELULAR	
20	BIOQUÍMICA CELULAR	
19	CITOLOGIA	
18	VÍRUS	
14	SERES PROCARIÓTICOS	
14	PROTOCTISTAS	

H14 H17 H10 H15 H16 H09 H30 H19 H04 H28 H29 H13

Fonte: APP Aprova, 2016, p. 6.

Verifica-se, portanto, que a área de maior destaque no exame é a ecologia, com questões de interdisciplinaridade com Física, Química e Geografia. Em seguida, estão as questões de anatomia e fisiologia humana, evolução, genética e metabolismos celular, fato que demonstra a importância de trabalhar esses assuntos na escola básica como eixos orientadores da prática docente. Os demais conteúdos e temas podem ser ligados a eles, em uma proposta de complexidade dos saberes.

Quanto às habilidades, também apresentadas na Figura 6.2, destacam-se, em ordem gráfica, as seis principais (InfoEnem, 2019):

1. "**H 14 –** Identificar padrões em fenômenos e processos vitais dos organismos, como manutenção do equilíbrio interno, defesa, relações com o ambiente, sexualidade, entre outros."
2. "**H17 –** Relacionar informações apresentadas em diferentes formas de linguagem e representação usadas nas ciências físicas,

químicas ou biológicas, como texto discursivo, gráficos, tabelas, relações matemáticas ou linguagem simbólica."

3. "**H10** – Analisar perturbações ambientais, identificando fontes, transporte e(ou) destino dos poluentes ou prevendo efeitos em sistemas naturais, produtivos ou sociais".

4. "**H15** – Interpretar modelos e experimentos para explicar fenômenos ou processos biológicos em qualquer nível de organização dos sistemas biológicos."

5. "**H16** – Compreender o papel da evolução na produção de padrões, processos biológicos ou na organização taxonômica dos seres vivos."

6. "**H9** – Compreender a importância dos ciclos biogeoquímicos ou do fluxo energia para a vida, ou da ação de agentes ou fenômenos que podem causar alterações nesses processos."

Dessa maneira, tendo em vista os temas mais privilegiados, bem como as principais habilidades que são priorizadas no Enem, cabe aos professores de Biologia buscar conhecimentos para fundamentar e instrumentar os estudantes na resolução das avaliações nacionais.

No Quadro 6.1, a seguir, apresentamos exemplos de questões abordadas no Enem de 2016 a 2018, referentes aos temas mais frequentes.

Quadro 6.1 – Algumas questões do Enem dos últimos três anos: conteúdos e habilidades

Ano do ENEM	Questão	Conteúdo	Habilidade(s)
2016	(ENEM – 2016) Um pesquisador investigou o papel da predação por peixes na densidade e tamanho das presas, como possível controle de populações de espécies exóticas em costões rochosos. No experimento colocou uma tela sobre uma área da comunidade, impedindo o acesso dos peixes ao alimento, e comparou o resultado com uma área adjacente na qual os peixes tinham acesso livre. O quadro apresenta os resultados encontrados após 15 dias de experimento. | Espécie exótica	Área com tela Densidade (indivíduos/m²)	Área com tela Tamanho médio dos indivíduos (cm)	Área sem tela Densidade (indivíduos/m²)	Área sem tela Tamanho médio dos indivíduos (cm) | |---|---|---|---|---| | Alga | 100 | 15 | 110 | 18 | | Craca | 300 | 2 | 150 | 1,5 | | Mexilhão | 380 | 3 | 200 | 6 | | Ascídia | 55 | 4 | 58 | 3,8 | O pesquisador concluiu corretamente que os peixes controlam a densidade dos(as) (A) Algas, estimulando seu crescimento. (B) Cracas, predando especialmente animais pequenos. (C) Mexilhões, predando especialmente animais pequenos. (D) Quatro espécies testadas, predando indivíduos pequenos. (E) Ascídias, apesar de não representarem os menores organismos.	Ecologia	H 14 H 17
2017	(ENEM 2017) Uma das estratégias para conservação de alimentos é o salgamento, adição de cloreto de sódio (NaCl), historicamente utilizado por tropeiros, vaqueiros e sertanejos para conservar carnes de boi, porco e peixe. O que ocorre com as células presentes nos alimentos preservados com essa técnica? (A) O sal adicionado diminui a concentração de solutos em seu interior. (B) O sal adicionado desorganiza e destrói suas membranas plasmáticas. (C) A adição de sal altera as propriedades de suas membranas plasmáticas. (D) Os íons Na^+ e Cl^- provenientes da dissociação do sal entram livremente nelas. (E) A grande concentração de sal no meio extracelular provoca a saída de água de dentro delas.	Metabolismo Celular	H 15

(continua)

(Quadro 6.1 - conclusão)

Ano do ENEM	Questão	Conteúdo	Habilidade(s)
2018	(ENEM 2018) O processo de formação de novas espécies é lento e repleto de nuances e estágios intermediários, havendo uma diminuição da viabilidade entre cruzamentos. Assim, plantas originalmente de uma mesma espécie que não cruzam mais entre si podem ser consideradas como uma espécie se diferenciando. Um pesquisador realizou cruzamentos entre nove populações - denominadas de acordo com a localização onde são encontradas - de uma espécie de orquídea (*Epidendrum denticulatum*). No diagrama estão os resultados dos cruzamentos entre as populações. Considere que o doador fornece o pólen para o receptor. DOADOR ——— RECEPTOR - Polinização induzida bem-sucedida DOADOR - - - RECEPTOR - Polinização induzida inviável ou nula Mata atlântica Cerrado Em populações de quais localidades se observa um processo de especiação evidente? a) Bertioga e Marambaia; Alcobaça e Olivença. b) Itirapina e Itapeva; Marambaia e Massambaba. c) Itirapina e Marambaia; Alcobaça e Itirapina. d) Itirapina e Peti; Alcoçaba e Marambaia. e) Itirapina e Olivença; Marambaia e Peti.	Evolução	H 17 H 15

Quanto aos vestibulares, dependendo da instituição, as avaliações de Biologia são utilizadas na primeira fase para a maioria dos cursos com avaliações objetivas e de acordo com o conteúdo programático de cada instituição, respeitando as Diretrizes Curriculares Nacionais, os PCN, bem como as Diretrizes Curriculares Estaduais, se estas últimas estiverem inscritas em documento orientador do estado. Em uma segunda fase, cursos como Medicina, Ciências Biológicas, Fisioterapia, Agronomia, entre outros, trabalham com questões discursivas tanto para avaliar a interpretação dos estudantes quanto para fazer um diagnóstico do conhecimento específico necessário a cada área de formação.

No Quadro 6.2, a seguir, apresentamos exemplos de questões objetivas e discursivas de Biologia do vestibular da Universidade Federal do Paraná (UFPR), do ano de 2018.

Quadro 6.2 – Questões objetivas e discursivas de vestibulares de Biologia

Exemplos de questões objetivas	Conteúdo
(UFPR 2018) A lactase é uma enzima presente no intestino delgado que converte lactose em galactose e glicose. Algumas pessoas apresentam níveis baixos da enzima lactase e, por isso, podem ter dificuldade em digerir a lactose presente no leite. O diagnóstico dessa deficiência de lactase pode ser feito por meio de exames de sangue: são colhidas amostras de sangue e medidos os níveis de glicemia após 12 horas de jejum e após 30 e 60 minutos da ingestão de lactose dissolvida em água. Nos pacientes com níveis normais de lactase, ocorre aumento da glicemia em 20 mg/dL ou mais em pelo menos um dos intervalos de tempo (30 e 60 minutos). Em pacientes com níveis baixos de lactase, o aumento da glicemia nas duas dosagens após a ingestão de lactose é menor que 20 mg/dL. Considerando a deficiência de lactase e o teste descrito no texto, é correto afirmar: a) Devido à deficiência de lactase, a glicose chega inalterada ao intestino grosso, onde é fermentada por bactérias, produzindo gases e ácido láctico. b) Um aumento de pelo menos 20 mg/dL na glicemia indica que o paciente tem deficiência de lactase, pois houve acúmulo de lactose no sangue. c) Em pacientes com deficiência de lactase, a lactose ofertada no teste é convertida somente em galactose, motivo pelo qual não há aumento da glicemia. d) Em pacientes sem deficiência de lactase, um aumento de pelo menos 20 mg/dL na glicemia indica síntese adequada de lactose pela ação da lactase. e) Se houver aumento da glicemia maior que 20 mg/dL após a ingestão de lactose, significa que houve conversão adequada da lactose em glicose pela ação da lactase.	Biologia Celular E Fisiologia

(continua)

(Quadro 6.2 - continuação)

Exemplos de questões objetivas	Conteúdo
(UFPR 2018) Sobre o processo evolutivo, é correto afirmar: a) As mutações genéticas ocorrem com o objetivo de promover adaptação dos organismos ao ambiente. b) Alterações na sequência de aminoácidos do DNA dos organismos podem ser vantajosas, neutras ou desvantajosas para seus portadores. c) Em uma população, uma característica vantajosa tende a aumentar de frequência na geração seguinte pela ação da seleção natural. d) Os organismos de uma população biológica são idênticos entre si, potencializando a ação da seleção natural. e) Os organismos atuais estão se modificando geneticamente para se adaptar às mudanças climáticas, como o aquecimento global.	EVOLUÇÃO
(UFPR 2018) Pode-se representar o número de indivíduos de cada nível trófico por uma pirâmide de números. O diagrama ao lado representa uma pirâmide de números. Assinale a alternativa que identifica corretamente os organismos indicados no diagrama. a) 1 = árvore – 2 = pulgão – 3 = joaninha – 4 = pássaro. b) 1 = capim – 2 = pulgão – 3 = joaninha – 4 = pássaro. c) 1 = árvore – 2 = pássaro – 3 = joaninha – 4 = pulgão. d) 1 = bezerro – 2 = capim – 3 = homem – 4 = parasita intestinal do homem. e) 1 = capim – 2 = bezerro – 3 = homem – 4 = parasita intestinal do homem.	

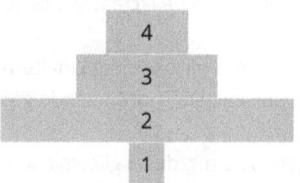

(Quadro 6.2 – conclusão)

Exemplo de questão discursiva	Conteúdo
(UFPR 2018) O vírus da imunodeficiência adquirida (HIV) é um retrovírus. No interior de uma célula humana, durante a replicação viral, é feita uma cópia de DNA a partir do RNA viral, pela ação da enzima transcriptase reversa. Inibidores de transcriptase reversa, como o fármaco nevirapina, se ligam à enzima, impedindo a retrotranscrição do genoma viral. Uma pequena fração dos vírus pode ter uma mutação genética que altera o local de ligação da droga à enzima, fazendo com que a droga não seja mais capaz de se ligar à enzima e inibir a atividade da transcriptase reversa. Os vírus com essa mutação de resistência se reproduzem mesmo na presença da nevirapina e, ao longo das gerações, podem ser restabelecidos os níveis virais presentes antes da administração da droga. Considerando ainda que o HIV é um vírus que se replica muito rapidamente, o que facilita a ocorrência de erros na hora da replicação, faça o que se pede: a) Explique se o surgimento dessas mutações é dependente ou independente da presença do fármaco. Justifique sua resposta. b) Por que, ao longo das gerações, podem ser restabelecidos os níveis virais presentes antes da administração da droga?	MICROBIOLOGIA

Muitos vestibulares acontecem nas diversas regiões do país. É importante que os professores de Biologia realizem um levantamento regional dos principais exames e das principais questões, bem como viabilizem aos estudantes o contato com o conteúdo programático de Biologia. Organizar essas questões e trabalhá-las em sala, comentando e justificando as respostas com os estudantes, contribui para a compreensão dos conceitos biológicos e da organização das avaliações em âmbito estadual e federal.

6.3 Planejamento de avaliações no ensino de Biologia: tipos de questões e atividades práticas

Os professores devem conhecer alguns pressupostos da avaliação escolar e, principalmente, como ela é realizada em Biologia, além de como deveria ocorrer para uma prática transformadora e emancipadora, a fim de desenvolver mecanismos de elaboração de avaliações, tendo sempre o planejamento como um suporte metodológico nessa elaboração. Além disso, jamais podem dissociar a avaliação do processo pedagógico e, por isso, ela precisa ser concebida de modo a considerar o projeto político-pedagógico da escola, o currículo escolar e o plano de trabalho docente, bem como as metodologias, os recursos e as estratégias utilizadas em cada aula. Outros fatores também precisam ser ponderados nesse planejamento, a exemplo dos recursos materiais e humanos necessários e disponíveis, principalmente quando se tratar de atividades práticas desenvolvidas na escola.

💊 Vitaminas essenciais

Dessa forma, Krasilchik (2005) afirma que são importantes, no contexto da avaliação em Biologia, instrumentos como as fichas individuais de observação dos alunos, provas com questões objetivas e discursivas variadas, bem como avaliações de atividades práticas. Também é possível avaliar os estudantes com seminários, debates, mapas conceituais e mentais, produções de vídeos, postagens em redes sociais, jogos, entre tantos outros recursos.

Para a autora, ao construírem as **fichas individuais de observação dos estudantes**, os professores valorizam aspectos qualitativos da aprendizagem diante de um quadro que ainda prioriza os aspectos quantitativos. Nessa ficha, os objetivos conceituais, procedimentais e atitudinais são pontuados e, graficamente, os professores, de acordo com a observação participante, anotam se eles foram atingidos, e em que proporções, pelos discentes. O Quadro 6.3, a seguir, traz o "Modelo da ficha de observação do aluno" proposto pela autora com algumas adaptações.

Quadro 6.3 – Ficha de observação do aluno sobre o tema "célula"

Objetivos de aprendizagem	Não atingiu	Atingiu parcialmente	Atingiu	Justificativa
Compreende os mecanismos da fisiologia celular				
Identifica as estruturas celulares e as respectivas funções				
Estabelece relações entre a divisão celular, o crescimento dos organismos e a regulação gênica				
Manipula o microscópio e observa células nesse equipamento				

Fonte: Elaborado com base em Krasilchik, 2005.

Com a ficha de observação individual, todas as avaliações realizadas no processo de ensino-aprendizagem contribuem para o preenchimento e a análise, transformando-as em estágios diagnósticos para a retomada de itens não apropriados pelos estudantes, bem como para avanços significativos no tratamento dos conhecimentos biológicos em sala de aula.

Ao serem planejadas, as avaliações consideradas provas precisam contemplar uma diversidade de questões (não apenas objetivas ou discursivas) para que os estudantes possam analisar, julgar e se posicionar quanto aos temas relativos à biologia. Por isso, as questões tanto objetivas quanto discursivas devem ser consideradas.

6.3.1 Questões objetivas

As questões objetivas são de fácil correção e permitem a inclusão de vários temas na mesma prova. Em contrapartida, a expressão criativa dos estudantes torna-se mais difícil, ao mesmo tempo que exige do docente critérios na elaboração das atividades, evitando ambiguidade e contradição de respostas. Ao elaborar questões objetivas, é necessário apresentar um texto-base objetivo, sem informações supérfluas, bem como alternativas com o mesmo tamanho e em consonância com texto-base (Krasilchik, 2005).

6.3.2 Questões discursivas

As questões discursivas "são as [...] que exigem dos alunos respostas estruturadas e apresentadas com suas próprias palavras, prestando-se, portanto, a avaliar a capacidade de analisar problemas, sintetizar conhecimentos, compreender conceitos, emitir juízos de valor etc." (Krasilchik, 2005, p. 147). Essas atividades contribuem para uma avaliação das capacidades cognitivas, bem como culturais, comportamentais e sociais dos estudantes, essenciais na formação atual da educação básica.

Algumas questões limitadoras também são apresentadas na elaboração e na correção de avaliações discursivas, como tempo dedicado à correção e diferenças de critérios. Dessa maneira, cabe aos professores elaborar questões discursivas e, ao mesmo tempo, estabelecer os critérios de avaliação para cada uma, evitando subjetividade e notas diferenciadas.

6.3.3 Atividades práticas

As atividades práticas são excelentes instrumentos de avaliação. Produções realizadas pelos estudantes contribuem para o processo avaliativo da apropriação dos conhecimentos biológicos e das capacidades criativas, reflexivas, argumentativas e analíticas dos alunos. A organização de avaliações com atividades práticas exige o estabelecimento de seus objetivos, de seus produtos, bem como dos critérios de correção. Isso facilita a compreensão dos alunos sobre o que e como serão avaliados, evitando situações desagradáveis.

São atividades práticas passíveis de avaliação:

- seminários;
- debates;
- mapas mentais e conceituais;
- experimentações;
- saídas de campo;
- investigações científicas;
- vídeos;
- elaboração de jornais;
- maquetes.

Palestras realizadas na escola, com especialistas em diversas áreas (nutricionistas, ginecologistas, ambientalistas, secretários de meio ambientes, ONGs de prevenção ao uso de drogas etc.), constituem momentos práticos riquíssimos para avaliar os estudantes e seus conhecimentos.

No estágio em docência, tanto nos anos finais do ensino fundamental quanto no ensino médio, com uma iniciação à prática de pesquisa em ensino de Ciências, é necessário observar a prática dos professores quanto à avaliação, para registrar essas observações e, à luz das teorias sobre esse processo, analisar as limitações e as contribuições para que novas práticas avaliativas, de acordo com os pressupostos apresentados, sejam desenvolvidas.

6.4 Materiais disponíveis para o ensino de Biologia: do livro didático à autoria dos professores

Para o ensino de Biologia, muitos materiais didáticos encontram-se disponíveis para a análise e a avaliação dos educadores, tais como os LD e os materiais impressos e eletrônicos desenvolvidos em pesquisas educacionais. No entanto, com a oferta de livros pelo Programa Nacional do Livro Didático (PNLD) – em todas as escolas do país, os LD são os materiais mais utilizados no ensino das ciências nas escolas brasileiras, em razão da disponibilidade e da facilidade de acesso.

💊 Vitaminas essenciais

O Plano Nacional do Livro Didático (PNLD) tem por objetivo avaliar e fornecer obras didáticas, pedagógicas e literárias, entre outros materiais, de forma sistemática, regular e gratuita, às escolas públicas de educação básica das redes federal, estaduais, municipais e distrital, bem como às instituições de educação infantil comunitárias, confessionais ou filantrópicas sem fins lucrativos e conveniadas com o Poder Público.

Dessa maneira, todas as escolas recebem material didático para todas as disciplinas da base comum curricular.

Geralmente, o material didático disponibilizado pelo Ministério da Educação (MEC) traz conteúdos interessantes e de acordo com a proposta do ensino de Biologia das Diretrizes Curriculares Nacionais. Um dos aspectos negativos dessa dinâmica está na **ausência de regionalização das obras**, uma vez que determinadas espécies tratadas são típicas de uma região e desconhecidas em outras, em razão da diversidade biológica do país. Mesmo assim, os LD estão presentes nas escolas e, em algumas situações, são o único material disponível para estudo.

Para Krasilchik (2005, p. 65), "o livro didático tradicionalmente tem tido, no ensino de Biologia, um papel de importância, tanto na determinação do conteúdo dos cursos como na determinação da metodologia usada em sala de aula, sempre no sentido de valorizar o ensino informativo e teórico". Na mesma linha, Delizoicov, Angotti e Pernambuco (2009, p. 36) destacam:

Ainda é bastante consensual que o livro didático (LD), na maioria das salas de aula, continua prevalecendo como principal instrumento de trabalho do professor, embasando significativamente a prática docente. Sendo ou não intensamente usado pelos alunos, é seguramente a principal referência de grande maioria dos professores.

O docente de Biologia, ao escolher o LD, precisa considerar os componentes curriculares estabelecidos para que o material os abranja. Assim, a avaliação do LD pelos professores torna-se uma prática fundamental e, ao mesmo tempo, precisa estar embasada em critérios que potencializem sua utilização em sala de aula.

Vitaminas essenciais

Existem vários instrumentos de avaliação de LD elaborados e validados. Eles contribuem para uma escolha direcionada aos objetivos de ensino-aprendizagem, considerando a qualidade teórica, dos recursos visuais, das atividades e dos materiais complementares. Nesse sentido, Vasconcelos e Souto (2003) elaboraram critérios para a análise de LD para o ensino de Ciências e Biologia nas escolas de educação básica. Esses itens foram organizados em instrumentos de análise, permitindo a escolha e a análise do material que mais se aproxime da realidade dos estudantes.

Na sequência, os Quadros 6.4, 6.5, 6.6 e 6.7 representam os esquemas elaborados por Vasconcelos e Souto (2003) para a análise do LD.

Quadro 6.4 – Tabela para análise do LD de Ciências e Biologia – critérios para análise do conteúdo teórico

Parâmetro	Fraco	Regular	Bom	Excelente
Adequação à série				
Clareza do texto (definições, termos etc.)				
Nível de atualização do texto				
Grau de coerência entre as informações apresentadas (ausência de contradições)				
Outros: especificar				
	Sim		Não	
Apresenta textos complementares?				

Fonte: Vasconcelos; Souto, 2003, p. 97.

Quadro 6.5 – Tabela para análise do LD de Ciências e Biologia – critérios para análise dos recursos visuais

Parâmetro	Fraco	Regular	Bom	Excelente
Qualidade das ilustrações				
Grau de relação com as informações contidas no texto				
Inserção ao longo do texto (diagramação)				
Veracidade da informação contida na ilustração				
Possibilidade de contextualização				
Grau de inovação (originalidade/criatividade)				
Outros: especificar				
	Sim		Não	
Induzem a interpretação incorreta?				

Fonte: Vasconcelos; Souto, 2003, p. 98.

Quadro 6.6 – Tabela para análise do LD de Ciências e Biologia – exemplos de atividades propostas utilizadas na complementação e contextualização do assunto discutido

Atividades	Sim	Não
Propõe questões ao final de cada capítulo/tema?		
As questões têm enfoque multidisciplinar?		
As questões priorizam a problematização?		
Propõe atividades em grupo e/ou projetos para trabalho do tema exposto?		
As atividades são isentas do risco para alunos?		
As atividades são facilmente executáveis?		
As atividades tem relação direta com o contexto trabalhado?		
Indica fontes complementares de informação?		
Estimula a utilização de novas tecnologias (ex. internet)?		
Outros: especificar		

Fonte: Vasconcelos; Souto, 2003, p. 99-100.

Quadro 6.7 – Tabela para análise do LD de Ciências e Biologia – exemplos de recursos complementares sugeridos

Recursos complementares	Sim	Não
Glossários		
Atlas		
Cadernos de exercícios		
Guias de experimentos		
Guia do professor		
Outros: especificar		

Fonte: Vasconcelos; Souto, 2003, p. 100.

Tendo em mãos esses quadros propostos por Vasconcelos e Souto (2003) para a análise dos LD, os professores, com as obras que são disponibilizadas a cada triênio pelo PNLD, podem avaliar a que seja mais coerente aos objetivos educacionais da região, elaborando relatórios que justifiquem a opção didática. Esse exercício auxilia nas escolhas futuras e constitui um rico material de pesquisa pelos professores.

A escolha dos livros didáticos, numa perspectiva democratizada, exige dos profissionais em educação muito mais que a mera observação de aspectos gráficos, linguagem, ou atividades propostas. O envolvimento do professor na seleção dos recursos didáticos, em especial do livro, deve estimular a definição de critérios que instrumentalizem o processo de escolha e fomentem a discussão sobre os caminhos da educação.

[...]

É preciso reconhecer que o professor também precisa assumir (novas) responsabilidades neste processo, e seu envolvimento direto na escolha do livro didático é um importante passo na melhoria da qualidade do ensino brasileiro. (Vasconcelos; Souto, 2003, p. 100-103)

Uma forma de transformar o LD em um material de apoio ao ensino, e não o único utilizado nas aulas de Biologia, está na **autoria de materiais didáticos por parte dos professores**, no desenvolvimento de um estudo apurado da realidade escolar, no levantamento das necessidades dos estudantes em determinados temas, bem como nas pesquisas para seleção de textos, vídeos, informativos relacionados a realidade local.

⚡ Sinapse

Com a autoria, torna-se possível inserir elementos da diversidade biológica, bem como da diversidade cultural dos estudantes, sem contar que o papel do professor, de mero consumidor de informações, passa a ser ativo. Com isso em vista, deve haver "clareza de que o professor não pode ser refém dessa única fonte (LD), por melhor que venha a tornar-se sua qualidade" (Delizoicov; Angotti; Pernambuco, 2009, p. 37).

Machado e Miquelin (2016b) realizaram pesquisas de análise em LD sobre a temática do aborto e, ao constatarem sua ausência ou caracterizações errôneas na abordagem do assunto, optaram por desenvolver uma sequência didática com o tema de modo problematizador e dialógico, de acordo com os princípios freirianos e envolvendo vários recursos de ensino-aprendizagem, a fim de ultrapassar as limitações encontradas no LD. Como resultados, os autores constataram a importância de elaborar um material autoral para o ensino das ciências:

> Os resultados obtidos com a sequência didática sobre a temática do aborto, desenvolvida com os estudantes adolescentes, permitiu observar o envolvimento desses estudantes desde a investigação do tema até a avaliação final do trabalho, tendo como alicerces o diálogo e a problematização.
> Observou-se também uma participação efetiva dos estudantes nas aulas, a interação entre eles e com a professora, socializando conhecimentos através das leituras, apresentações, questionamentos, pesquisas, entre outras atividades da sequência.

A ausência ou precariedade de informações nos LD não podem limitar o trabalho docente. Ao contrário, constatada essa deficiência sobre o tema, cabe ao professor conhecer a realidade onde atua (seus estudantes, suas concepções e anseios) devolvendo a eles, de forma sistematizada esse conhecimento (Machado; Miquelin, 2016b, p. 106)

Bastos et al. (2017) analisaram as utilizações de sequências didáticas (SD) por professores de Biologia dos anos de 2000 a 2016 e verificaram que, a partir de 2012, ocorreu um crescimento significativo nas produções e utilizações desses recursos, bem como temas vieram a ser mais abordados, em ordem de frequência: meio ambiente, evolução, genética e botânica. Os autores do estudo também destacam as potencialidades desses materiais e sua importância na construção de conhecimentos:

> A SD permite a verificação do conhecimento prévio do aluno, e desta forma o conteúdo vai sendo reconstruído com base no que os alunos sabem sobre o tema proposto. Outra vantagem da SD é a apresentação do tema em várias etapas (várias aulas) possibilitando o detalhamento do conteúdo. Essa é uma ótima maneira de trabalhar temas longos que na maioria das vezes são limitados por dois tempos de aula, onde [sic] cada tempo possui 50 minutos. A SD também pode tornar as aulas mais dinâmicas e motivadoras ao utilizar diferentes recursos, como livros, filmes, slides, internet, jogos, práticas de laboratório, além de promover a construção compartilhada do conhecimento por meio de debates e trocas de informações.

Algumas dificuldades podem surgir ao utilizar SD. A ausência de recursos didáticos, como um laboratório de informática ou projetor de slides, pode fazer com que o professor recorra a outra alternativa para trabalhar o conteúdo, e o tempo de execução da SD pode dificultar sua utilização com todos os conteúdos durante o ano letivo. Contudo, a SD é uma boa alternativa para ser utilizada nas aulas em que os temas são longos ou complexos.

Os resultados obtidos destacam o potencial da SD durante a (re)construção de significados por parte do alunado, e assim como os autores das publicações estudadas nessa revisão integrativa acreditamos que a utilização de SD pode facilitar o processo ensino-aprendizagem. (Bastos et al., 2017, p. 9)

Para que as SD sejam mais bem compreendidas e para que sejam transformadas em alternativa ao uso exclusivo do LD, a melhor maneira de introduzi-las no ensino de Biologia reside na sua autoria, tal como já fizeram vários professores, na validação e avaliação dessas atividades. Guimarães e Giordan (2011, p. 12) consideram as SD

> uma importante ferramenta cultural de mediação na ação docente, espera-se que tal ferramenta esteja apta a potencializar a significação da realidade, por parte do alunado, mediante interpretação fundamentada nos conhecimentos científicos que se procura desenvolver no processo de ensino-aprendizagem. Nesse sentido, o instrumento de validação de sequências didáticas que propomos se caracteriza por um processo cíclico de Elaboração-Aplicação-Reelaboração (EAR) da proposta de ensino. Com esta validação cíclica das SD se busca assegurar os resultados educacionais que sua aplicação requer. Cada uma das etapas do processo EAR (Elaboração, Aplicação e Reelaboração) é permeada por um processo de avaliação. Consideramos que esta avaliação constante vem a contribuir para melhoria da

estrutura das SD, onde de posse dos resultados da validação é possível ao professor confrontá-los com seus objetivos iniciais podendo assim aperfeiçoá-los.

Assim, o planejamento das SD possibilitará aos docentes de Biologia realizar o ciclo de elaboração-aplicação-reelaboração, permitindo o aperfeiçoamento da própria sequência, bem como a proposição de novas sequências de ensino-aprendizagem.

6.5 Produção de uma sequência didática para o ensino de Biologia

Giroux (1997, p. 162) afirma que os professores, como intelectuais, "estruturam a natureza do discurso, relações sociais em sala de aula e valores que as legitimam em sua atividade de ensino", e, por isso, seu papel é fundamental na construção de conhecimentos, valores, habilidades e competências. Como explicamos anteriormente, o LD sozinho não contempla essa formação, porque as realidades educacionais são diversificadas e exigem um conjunto básico de conhecimentos aos quais se atrelam as necessidades locais. Professores intelectuais não consomem apenas as informações do LD e as transmitem, mas elaboram materiais com base em investigações diretas em sala de aula.

Dessa maneira, as SD contribuem para a elaboração de novas propostas de ensino, inserindo a interdisciplinaridade e a complexidade dos saberes, os recursos tecnológicos e metodológicos variados, a problematização e o diálogo.

💊 Vitaminas essenciais

Para elaborar uma SD, os professores precisam, primeiramente, selecionar um tema significativo de estudo e um título para o material autoral. Em seguida, devem estabelecer a série e a quantidade de estudantes envolvidos, bem como o número de aulas que serão destinadas ao estudo do tema. O roteiro apresentado no Quadro 6.8, a seguir, organiza, didaticamente, a elaboração de uma sequência didática. É importante considerar que ele pode receber ajustes e observações de acordo com a realidade educacional de atuação docente. Envolver mais professores de áreas diferentes também é interessante para propostas cada vez mais interdisciplinares.

Quadro 6.8 – Roteiro básico para a elaboração de uma sequência didática para o ensino de Biologia

	TÍTULO: colocar um título criativo na SD
Tema	Descrever o tema de estudo da Biologia.
Série	Inserir a série em que a sequência será desenvolvida.
Disciplinas envolvidas	Listar as disciplinas envolvidas de modo a realizar um trabalho interdisciplinar.
Justificativa para a abordagem do tema	Justificar a abordagem do tema com os documentos oficiais (PCN, diretrizes curriculares, plano de trabalho docente), bem como levantamentos realizados em sala sobre a pertinência do tema.
Apresentação do tema	Descrever o tema a ser abordado, bem como todas as estratégias e recursos que serão utilizados no desenvolvimento das SD.
Objetivos	Indicar o objetivo geral e os objetivos específicos de ensino-aprendizagem para a SD.

(continua)

(Quadro 6.8 – conclusão)

	TÍTULO: colocar um título criativo na SD
Número de aulas	Estabelecer o número de aulas necessárias para o desenvolvimento da sequência.
Recursos e estratégias didáticas	Detalhar os recursos e as estratégias necessários: laboratório, materiais para aulas práticas, autorização para saída de campo, projetor, *slides*, filmes etc.
Metodologia	Escolher uma metodologia ativa de ensino-aprendizagem tais como a metodologia da pedagogia histórico-crítica, os momentos pedagógicos, a aprendizagem baseada em problemas. A escolha metodológica dependerá do tema e da segurança do docente em investir em novas práticas em sala de aula.
Avaliação	Avaliar as produções dos estudantes verificando se os objetivos da aprendizagem foram atingidos, bem como alterando a sequência conforme alguns recursos, estratégias ou metodologias não atendam às expectativas de ensino-aprendizagem.
Referências	Listar todas as referências bibliográficas e eletrônicas utilizadas na construção da SD.

Fonte: Elaborado com base em Guimarães, Barlette e Guadagnini, 2015.

Machado e Miquelin (2016b) desenvolveram a sequência didática a seguir. Ela foi realizada com estudantes de faixa etária entre 13 e 15 anos, por meio da metodologia dos "três momentos pedagógicos", de Delizoicov, Angotti e Pernambuco (2009). Após o desenvolvimento em 2016 e a publicação de resultados da pesquisa em artigo científico, a autora desta obra reorganizou a sequência para trabalhar com outras turmas no Ensino de Ciências e Biologia. O Quadro 6.9, a seguir, apresenta o desenvolvimento da sequência já com as adaptações.

Quadro 6.9 – Exemplo de sequência didática para o ensino de Biologia

Questões problematizadoras	Contribuições dos estudantes
O que é o aborto? Por que as mulheres praticam o aborto? A prática do aborto é uma prática recente? Você sabe a diferença entre um aborto natural e um provocado? Você conhece as práticas utilizadas para o aborto? Quais?	A maioria dos estudantes associou o aborto apenas ao aborto provocado. Com relação às mulheres que praticam o aborto, os estudantes consideraram que elas não deviam fazer isso, caracterizando-as como assassinas. Para eles, a prática do aborto é recente e vem aumentando ultimamente. Entre as técnicas que conheciam, citaram cirurgias e remédios.
Organização do conhecimento	**Contribuições dos estudantes**
Pesquisar no dicionário os significados das palavras *aborto* e *clandestino*.	*Aborto* significa uma interrupção da gravidez, podendo ser espontâneo e provocado. *Clandestinas* são pessoas que praticam atividades ilegais. Os alunos relacionaram o aborto à clandestinidade no Brasil.
Apresentar aos estudantes a tela de Maria Sibylla Merian (1647-1717) sobre a "Flor Pavão" e um trecho escrito pela autora sobre os motivos que levavam índias e escravas do Suriname a utilizá-la.	Observação da tela, pesquisa sobre as propriedades medicinais da flor. Em diálogo, os estudantes discutiram que, entre as principais propriedades dessa planta, uma era a abortiva. Relacionaram a planta ao período histórico, concluindo que o aborto não é uma prática recente.
Assistir a um vídeo sobre as principais técnicas de aborto.	Os estudantes elencaram, juntamente à professora, as principais técnicas de aborto apresentadas no vídeo: sucção, soluções salinas e curetagem. Demonstraram sentimento de indignação com as práticas do aborto apresentadas no vídeo.

(continua)

(Quadro 6.9 – conclusão)

Ler um texto informativo sobre as principais técnicas de aborto e as consequências desses procedimentos para a saúde da mulher.	Nessa atividade, os estudantes puderam classificar as técnicas abortivas em caseiras (plantas, por exemplo), cirúrgicas e hormonais (pílulas de hormônios). Apontaram as consequências do aborto, que, como prática ilegal no Brasil, leva muitas mulheres à morte.
Organizar os estudantes em trio, selecionar notícias de jornal recentes sobre o aborto. Ler as notícias e apresentar para a turma.	Os estudantes apresentaram notícias de jornais eletrônicos (*O Globo*, *Estadão*, *Folha de S.Paulo*). Essas notícias traziam a polêmica da legalização do aborto, as mortes de mulheres que praticaram o aborto, a legalização do aborto no Uruguai e os caminhos do Brasil com relação ao tema.
Assistir o vídeo "Clandestinas": CLANDESTINAS – 28 dias para a vida das mulheres. Disponível em: <https://www.youtube.com/watch?v=7nikE1c5-Wg>. Acesso em: 20 mar. 2020.	Dialogar com os estudantes sobre o vídeo, o motivo pelos quais as mulheres optaram pelo aborto, os riscos que elas correram e por quais motivos se tornaram clandestinas.
Aplicação do conhecimento	**Contribuições dos estudantes**
Produzir um mapa mental sobre o tema aborto com as causas e consequências dessas práticas bem como a legislação vigente em nosso país. Elaborar um notícia, em áudio de aproximadamente dois minutos para apresentar para a comunidade escolar, no rádio da escola.	Produção, com os estudantes, de um mapa mental para expor na escola. Em parceria com a professora de Língua Portuguesa e Artes, trabalhar com os elementos da notícia e do áudio para rádio, elaborando uma notícia de divulgação da temática para a comunidade escolar.

Fonte: Elaborado com base em Machado; Miquelin, 2016b.

Planejar, pesquisar e elaborar SD é um desafio, ao mesmo tempo que instiga a criatividade dos professores para a autoria do seu próprio material didático. Assim, algumas características das SD são importantes para o sucesso, a elaboração e o desenvolvimento dessas atividades: a otimização do material didático, as possibilidades de readequação do produto, a possibilidade de ressaltar aspectos sociais e culturais na abordagem educacional, a reflexividade dos professores após a realização das atividades e a avaliação dos resultados de ensino-aprendizagem, bem como o desenvolvimento da autonomia dos professores e dos estudantes (Guimarães; Barlette; Guadagnini, 2015).

Síntese proteica

Neste capítulo, demonstramos que a avaliação, mesmo diante de tantas reflexões, continua sendo um ponto muito discutido, tanto na formação inicial quanto na formação continuada de professores, em razão de estar, muitas vezes, descontextualizada do processo de ensino-aprendizagem e por funcionar como um momento de verificação, e não de formação dos alunos.

Por isso, compreendê-la como um estágio diagnóstico e formativo, oferecendo diversas oportunidades para os estudantes durante o processo de trabalho com os temas, é fundamental, sendo necessário instrumentalizar os conteúdos para a resolução de avaliações contextualizadas promovidas pelos órgãos governamentais.

Da mesma maneira, planejar materiais contextualizados, de modo que o LD não seja a única fonte de informação na sala de aula, é primordial no século XXI para o exercício da interdisciplinaridade e da reflexão no processo pedagógico. Portanto, elaborar materiais como as SD, exercitando a prática autoral, contribui para a formação dos professores no exercício da docência.

Prescrições da autora

Artigos

BASTOS, M. R. et al. A utilização de sequências didáticas em Biologia: revisão de artigos publicados de 2000 a 2016. In: ENCONTRO NACIONAL DE PESQUISAS EM EDUCAÇÃO EM CIÊNCIAS, 11., 2017, Florianópolis. **Anais...** Florianópolis: UFSC/ Abrapec, 2017.
Artigo de revisão de literatura que traz dados sobre as SD desenvolvidas para o ensino de Biologia no período de seis anos. A revisão evidenciou potencialidades no uso desse recurso principalmente na abordagem de temas complexos.

BOZZA, E. C. **Entrando no ensino médio**: caderno de avaliação diagnóstica de conteúdos de Biologia. Curitiba: UTFPR, 2016. Disponível em: <http://repositorio.utfpr.edu.br/jspui/bitstream/1/1862/2/CT_PPGFCET_M_Bozza%2C%20Elizangela%20Cristina_2016_1.pdf>. Acesso em: 20 mar. 2020.
Caderno de avaliação diagnóstica dos conhecimentos científicos dos estudantes adquiridos no ensino fundamental, os quais visam embasar o trabalho dos professores de Biologia e contribuir para o planejamento dessa disciplina no ensino médio.

GUIMARÃES, R. S.; BARLETTE, V. E.; GUADAGNINI, P. H. A engenharia didática da construção e validação de sequências de ensino: um panorama com foco no ensino de ciências. **Polyphonia**, v. 26/1, p. 211-226, jan./jun. 2015. Disponível em: <https://www.revistas.ufg.br/sv/article/view/37991>. Acesso em: 20 mar. 2020.

Após estudos bibliográficos, os autores sugerem uma espécie de engenharia didática para a elaboração de SD para o ensino de Ciências, com pressupostos teóricos e metodológicos para a concepção e a validação desses materiais de ensino.

MORAIS, V. C. da S.; SANTOS, A. B. dos. **Ensino de biologia:** sequências didáticas com o uso de atividades experimentais. 41 f. Produto educacional (Mestrado profissional em Ensino de Ciências e Matemática) – Universidade Federal de Uberlândia, Uberlândia, 2015. Disponível em: <http://www.infis.ufu.br/pgecm/api/pdf/1468636886.pdf>. Acesso em: 20 mar. 2020.

Produto educacional com cinco SD, cada uma delas, com uma atividade experimental para o ensino de Ciências e Biologia na escola básica.

Filme

O TRIUNFO. Direção: Randa Haines. EUA: Alberta Film Entertainment, 2006. 120 min.

Filme fundamentado na vida de Ron Clark, professor da Carolina do Norte, nos Estados Unidos, que, em busca de desafios, começa a lecionar no Harlem, em Nova Iorque. Traz reflexões sobre a avaliação em sala de aula.

Livros

LUCKESI, C. C. **Avaliação da aprendizagem escolar**: estudos, proposições. 3. ed. São Paulo: Cortez, 2002.

O livro traz reflexões sobre o processo avaliativo desenvolvido nas escolas da educação básica. Com base nas discussões da obra, o autor propõe uma avaliação diagnóstica e processual de todo o processo de ensino e de aprendizagem.

OLIVEIRA, M. M. de. **Como fazer pesquisa qualitativa**. 2. ed. Petrópolis: Vozes, 2008.

Livro com uma proposta metodológica de pesquisa qualitativa, cujo objetivo é inserir estudantes no mundo da pesquisa, incluindo a pesquisa educacional.

VASCONCELLOS, C. **Avaliação**: concepção dialética libertadora do processo de avaliação escolar. 15. ed. São Paulo: Libertad, 2005.

Livro que trata do problema da avaliação da aprendizagem na prática escolar, propondo caminhos para uma avaliação do processo de ensino-aprendizagem, inserindo algumas possibilidades para transformar essa prática.

Rede neural

1. Qual a definição dada por Luckesi (2002) de *pedagogia do exame*?
   - (A) Tendência pedagógica fundamentada na análise aprofundada de temas trabalhados em sala de aula.
   - (B) Abordagem pedagógica que objetiva transformar os alunos em sujeitos críticos de sua própria realidade.

C Mera verificação do conhecimento para a atribuição de notas, muito presente nas escolas de educação básica quando o objetivo é classificar os estudantes.
D Todas as alternativas estão corretas.
E Nenhuma das alternativas está correta.

2. Quais são as vantagens e as desvantagens, tanto na elaboração quanto na aplicação, das questões objetivas e das questões objetivas nas avaliações de Biologia?

A As questões objetivas são atividades muito elaboradas, de difícil produção, e que demoram para ser corrigidas, apesar de contar com respostas únicas e diretas. As questões dissertativas, por sua vez, são de simples formulação e correção, pois, apesar de pressuporem respostas abertas, são elaboradas de modo que todas as respostas sejam consideravelmente parecidas.

B As questões objetivas são de fácil elaboração, pois podem ser meras reproduções de trechos de textos consagrados seguidos de pergunta, e de simples correção, já que correspondem a atividades com respostas únicas e diretas. As questões dissertativas, por sua vez, são de difícil elaboração, pois devem ser exclusivamente produzidas com texto autoral do elaborador, e de difícil correção, pois as respostas abrem espaço para uma dissertação mais aprofundada.

C As questões objetivas são mais difíceis de ser elaboradas, mas são de simples correção, pois devem apresentar respostas diretas e únicas. Já as questões discursivas são de simples elaboração, pois permitem um posicionamento dos estudantes com respostas argumentativas sobre o

tema, no entanto, por isso, exigem atenção quanto aos critérios de correção pelos professores.
- **D** Todas as afirmativas estão corretas.
- **E** Nenhuma afirmativa está correta.

3. Sobre a avaliação no ensino de Biologia, analise as afirmativas a seguir e indique V para as verdadeiras e F para as falsas. Depois, assinale a alternativa que apresenta a sequência correta:
   - ( ) A avaliação, atualmente, não apresenta mais as características de memorização de conceitos, de classificação dos estudantes e de punição a atitudes, tudo isso foi superado na prática escolar.
   - ( ) A avaliação diagnóstica prioriza os resultados quantitativos obtidos com provas, atribuindo uma nota à aprendizagem.
   - ( ) A avaliação, em Biologia, deve sempre ocorrer com provas ao final de um conteúdo ou de uma unidade temática.
   - **A** F, F, F.
   - **B** V, V, V.
   - **C** F, V, V.
   - **D** V, V, F.
   - **E** F, V, F.

4. Com relação à autoria dos professores no ensino de Biologia, analise as assertivas a seguir e, em seguida, assinale a alternativa correta:
   I) Uma forma de transformar o livro didático em material de apoio ao ensino, e não o único material utilizado nas aulas de Biologia, está na produção de materiais didáticos por parte dos professores.

II) Embora o planejamento, a pesquisa e a elaboração de sequências didáticas caracterize-se como um desafio, essa prática instiga a criatividade dos professores para a autoria de seu próprio material didático.

III) O livro didático não contempla totalmente essa formação, porque as realidades educacionais são diversificadas, exigindo um conjunto básico de conhecimentos aos quais se atrelam as necessidades locais.

A Todas as alternativas são corretas.
B I e II são corretas.
C I e III são corretas.
D II e III são corretas.
E Todas as alternativas são incorretas.

5. Entende-se por *avaliação classificatória* aquela que:
   A considera essenciais os resultados quantitativos obtidos com provas e atribuição de notas à aprendizagem.
   B prioriza o conhecimento prévio dos estudantes e de sua realidade social.
   C dialoga com os estudantes e torna-se o ponto de partida do trabalho pedagógico.
   D avalia o estudante com diversos instrumentos para averiguar se realmente ocorreu a aprendizagem significativa.
   E não tem a nota como o fator principal no processo de ensino-aprendizagem, mas sim o percurso realizado pelo estudante.

Biologia da mente

Análise biológica

1. Pesquise uma sequência didática já desenvolvida por professores de Ciências ou Biologia da educação básica. Descreva o tema abordado, bem como os objetivos nela propostos.
2. Na sua opinião, e considerando a localidade onde você vive, o que poderia ser modificado nessa SD?
3. Em sua região, quais são os vestibulares com maior número de participantes? Pesquise a prova de Biologia, analise as questões por temas, habilidades e competências mobilizadas.

No laboratório

1. Na prática docente, uma das atividades dos professores, a cada triênio, é a escolha do livro didático de Ciências para o ensino fundamental e de Biologia para o ensino médio. Considerando os instrumentos de avaliação do livro didático desenvolvidos por Vasconcelos e Souto (2003), analise um livro das ciências biológicas e escreva um parecer sobre ele, de acordo com os estudos realizados.

‘ DIAGNÓSTICO

O ensino de Biologia em nosso país foi marcado por diversas leis e reformas educacionais. No entanto, em vários aspectos, o processo de ensino-aprendizagem da área padeceu, por longos anos, de um ensino de transmissão de conhecimentos e de memorização de conceitos por parte dos estudantes, sem despertar, na maioria das vezes, o gosto em aprender Ciências e Biologia por parte dos frequentadores do ensino básico. Estudos e pesquisas do campo da educação em Ciências trouxeram reflexões para a superação dessa educação baseada na memorização, contribuindo com teorias e práticas para um trabalho mais dinâmico, contextualizado e de acordo com os pressupostos da alfabetização científica e da complexidade dos saberes.

Nesse caminho, o ensino de Biologia precisa organizar-se com sólidas pesquisas, bem como com o protagonismo de professores e jovens na construção dos conhecimentos biológicos. Por isso, tanto as teorias educacionais que permeiam esse ensino quanto suas metodologias, seus recursos e suas estratégias precisam fazer parte da formação inicial e continuada dos professores para a superação da memorização, da fragmentação e da descontextualização dos conteúdos e temas da área.

Dessa forma, inovar na problematização dos temas da Biologia na realidade sociocultural em que se encontram os estudantes e trabalhar de forma interdisciplinar, aproveitando a proficiência tecnológica dos estudantes para a pesquisa e divulgação da ciência, são relevantes diferenciais na transformação do ensino-aprendizagem na escola básica.

Procuramos trazer neste livro algumas fundamentações e instrumentações para o ensino de Biologia do século XXI, com fundamento em pesquisas dos últimos anos na área de educação em Ciências e Biologia. Longe de ser um modelo, esta obra sugere reflexões e possibilidades para novas atividades em sala de aula, bem como se constitui em um estímulo a novas pesquisas a serem realizadas pelos professores em processo de formação.

❛ ACERVO GENÉTICO

ABREU, J. B.; FERREIRA, D. T.; FREITAS, N. M. da S. Os três momentos pedagógicos como possibilidade para inovação didática. In: ENCONTRO NACIONAL DE PESQUISA EM EDUCAÇÃO EM CIÊNCIAS, 11., 2017, Florianópolis. **Anais...**, Florianópolis: Abrapec, 2017. Disponível em: <http://www.abrapecnet.org.br/enpec/xi-enpec/anais/resumos/R2589-1.pdf>. Acesso em: 20 mar. 2020.

ALTARUGIO, M. H.; DINIZ, M. L.; LOCATELLI, S. W. O debate como estratégia em aulas de química. **Química Nova na Escola**, v. 32, n. 1, p. 26-30, 2010.

ALVES, A. C. T.; MELLO, I. C. de. Programas de Pós-Graduação stricto sensu em Ensino de Ciências/Ensino de Química: panorama segundo sistema de avaliação Capes. In: Encontro Nacional de Ensino de Química, 18., 2016. **Anais...**, Florianópolis, 2016. Disponível em: http://www.eneq2016.ufsc.br/anais/resumos/R0163-1.pdf>. Acesso em: 20 mar. 2020.

ALVES, R. M. M. et al. A aula prática no ensino de Biologia: uma estratégia na abordagem do conteúdo DNA. In: Congresso Nacional de Educação, 2., 2015, Campina Grande.

ALVES FILHO, J. de P. Atividades experimentais: do método à prática construtivista. Tese (Doutorado em Educação) – Universidade Federal de Santa Catarina, Florianópolis, 2000.

AMABIS, J. M.; MARTHO, G. R. **Guia de apoio didático para os três volumes da obra Conceitos de biologia**: objetivos de ensino, mapemanento de conceitos, sugestões de atividades. São Paulo: Moderna, 2001.

ANDRADE, C. H.; TROSSINI, G. H. G.; FERREIRA, E. I. Modelagem molecular no ensino de química farmacêutica. **Revista Eletrônica de Farmácia**, v. 7, n. 1, p. 1-23, 2010.

APP APROVA. **Conteúdos mas cobrados no Enem**. Disponível em: <http://appprova.com.br/wp-content/uploads/2016/06/Infografico-Conteudos-mais-cobrados-no-ENEM-de-todos-os-tempos.pdf>. Acesso em: 20 mar. 2020.

AUSUBEL, D. **Aquisição e retenção de conhecimentos**: uma perspectiva cognitiva. Tradução de Lígia Teopisto. Lisboa: Plátano, 2003.

BACHELARD, G. **A epistemologia**. Tradução de Fátima Lourenço Godinho e Mário Carmino Oliveira. Lisboa: Edições 70, 2006.

BIOE – Banco Internacional de Objetos Educacionais. Disponível em: <http://objetoseducacionais2.mec.gov.br>. Acesso em: 20 mar. 2020.

BASTOS, M. R. et al. A utilização de sequências didáticas em Biologia: revisão de artigos publicados de 2000 a 2016. In: ENCONTRO NACIONAL DE PESQUISAS EM EDUCAÇÃO EM CIÊNCIAS, 11., 2017, Florianópolis. **Anais...** Florianópolis: UFSC/ Abrapec, 2017.

BIOVIA. **Discovery Studio 3.0**. San Diego, Califórnia, 2017. Software digital. Aplicativo.

BIZZO, N. Ciências biológicas. In: BRASIL. Ministério da Educação. **Orientações Curriculares Nacionais**. Brasília, 2006. p. 148-169.

BOZZA, E. C. **Entrando no ensino médio**: caderno de avaliação diagnóstica de conteúdos de Biologia. Curitiba: UTFPR, 2016.

BRASIL. Lei n. 4.024, de 20 de dezembro de 1961. **Diário Oficial da União**, Poder Legislativo, Brasília, 20 dez. 1961. Disponível em: < http://www.planalto.gov.br/ccivil_03/leis/L4024.htm>. Acesso em: 22 mar. 2020.

BRASIL. Lei n. 5.692, de 11 de agosto de 1971. **Diário Oficial da União**, Poder Legislativo, Brasília, 12 ago. 1971. Disponível em: <http://www.planalto.gov.br/ccivil_03/leis/L5692.htm>. Acesso em: 20 mar. 2020.

BRASIL. Lei n. 9.394, de 20 de dezembro de 1996. **Diário Oficial da União**, Poder Legislativo, Brasília, 23 dez. 1996. Disponível em: <http://www.planalto.gov.br/ccivil_03/leis/l9394.htm>. Acesso em: 20 mar. 2020.

BRASIL. Ministério da Educação. **Base Nacional Comum Curricular**. Brasília, 2018.

BRASIL. Ministério da Educação. **Orientações Curriculares para o Ensino Médio**: ciências da natureza, matemática e suas tecnologias. Brasília, 2006. v. 2.

BRASIL. Ministério da Educação. **Parâmetros Curriculares Nacionais para o Ensino Médio**: conhecimentos de Biologia. Brasília, 2000.

BRASIL. Ministério da Educação. **Trajetórias criativas**: jovens de 15 a 17 anos no ensino fundamental. Brasília, 2014. Caderno 7: Inicação Científica.

BRASIL. Ministério da Educação. Secretaria de Educação Básica. Secretaria de Educação Continuada, Alfabetização, Diversidade e Inclusão. Secretaria de Educação Profissional e Tecnológica. Conselho Nacional da Educação. Câmara Nacional de Educação Básica. **Diretrizes Curriculares Nacionais Gerais da Educação Básica**. Brasília: MEC, SEB, DICEI, 2013.

BRASIL. Ministério da Educação. Secretaria de Educação Média e Tecnológica. **Parâmetros Curriculares Nacionais**: Ensino Médio. Brasília, 1999.

CACHAPUZ, A. F. Arte e ciência no ensino de ciências. **Interacções**, n. 31, p. 95-106, 2014.

CALANGOS. Salvador, Brasil: SIMDUNAS, 2010. 1 jogo eletrônico, son.; color. Computador. Disponível em: <http://calangos.sourceforge.net/index.html>. Acesso em: 20 mar. 2020.

CARABETTA JÚNIOR, V. A utilização de mapas conceituais como recurso didático para a construção e inter-relação de conceitos. **Revista Brasileira de Educação Médica**, v. 37, n. 3, p. 441-447, 2013.

COBO, C. Plano Ceibal: novas tecnologias, pedagogias, formas de ensinar, aprender e avaliar. In: EXPERIÊNCIAS avaliativas de tecnologias digitais na educação [recurso eletrônico]. São Paulo, SP: Fundação Telefônica Vivo, 2016.

COIMBRA, C. L. A aula expostiva dialogada em uma perspectiva freiriana. In: CONGRESSO DE FORMAÇÃO DE PROFESSORES, 3., 2016, Águas de Lindoia. **Anais...**, Águas de Lindoia, 2016.

COSTA, K. C. P. da. **Óptica, Joseph Wright e Edmodo**: sequência didática para conceitos introdutórios de óptica geométrica mediada por algumas telas de Joseph Wright e a plataforma de mídia social educativa Edmodo. Curitiba: UTFPR, 2016. Disponível em: <http://repositorio.utfpr.edu.br/jspui/bitstream/1/1858/2/CT_PPGFCET_M_Costa%2C%20Kelly%20Carla%20Perez%20da_2016_1.pdf>. Acesso em: 20 mar. 2020.

COSTA, L. H. S. da; PEREIRA, R. P. de M.; BONIFÁCIO, K. M. O uso do Edmodo como ferramenta de apoio ao ensino de biologia em um instituto federal. **Revista Tecnologias na Educação**, ano 9, v. 19, jul. 2017. Disponível em: <http://tecedu.pro.br/wp-content/uploads/2017/07/Art11-vol19-julho2017.pdf>. Acesso em: 20 mar. 2020.

COUTINHO, A. da S.; REZENDE, I. M. N. de. A avaliação da aprendizagem: o caso de uma escola com baixo desempenho no Enem em ciências da natureza. In: ENCONTRO DE PESQUISA EDUCACIONAL EM PERNAMBUCO, 5., 2015, Garanhuns. **Anais...**, Recife: Fundaj, 2015. Disponível em: <https://www.fundaj.gov.br/images/stories/epepe/V_EPEPE/EIXO_3/ANDERSONDASILVACOUTINHO-CO03.pdf>. Acesso em: 20 mar. 2020.

DEBATER. In: **Dicio, Dicionário Online de Português**. Disponível em: <https://dicio.com.br/debater>. Acesso em: 20 mar. 2020.

DELIZOICOV, D.; ANGOTTI, J. A.; PERNAMBUCO, M. M. **Ensino de ciências**: fundamentos e métodos. São Paulo: Cortez, 2009.

DEPSD/SESP-PR. **YouTube**. Disponível em: <https://www.youtube.com/channel/UC6uvVRaxiqyDW8nQQRCG5pQ>. Acesso em 20 mar. 2020.

DRAW my Life: mosquito da dengue. **YouTube**, 29 maio 2016. Disponível em: <https://www.youtube.com/watch?v=G25AnOOR1Fg>. Acesso em: 20 mar. 2020.

FATÁ, R. M. Da história natural às ciências biológicas. **Educação Pública**, Rio de Janeiro, 26 fev. 2008. Disponível em: <http://www.educacaopublica.rj.gov.br/biblioteca/biologia/0020.html>. Acesso em: 22 mar. 2020.

FEYERABEND, P. K. **Matando o tempo**: uma autobiografia. Tradução de Raul Fiker. São Paulo: Ed. da Unesp, 1996.

FREIRE, P. **A educação na cidade**. São Paulo: Cortez, 1991.

FREIRE, P. **Pedagogia da autonomia**. Rio de Janeiro: Paz e Terra, 2014a.

FREIRE, P. **Pedagogia do oprimido**. São Paulo: Cortez, 2014b.

GARCIA, P. S. **A formação dos professores de ciências na legislação educacional brasileira**. Disponível em: <http://www.nutes.ufrj.br/abrapec/vienpec/CR2/p798.pdf>. Acesso em: 20 mar. 2020.

GASPARIN, J. L. **Uma didática para a pedagogia histórico-crítica**. Campinas: Autores Associados, 2002.

GASPARIN, J. L.; PETENUCCI, M. C. **Pedagogia histórico crítica**: da teoria à prática no contexto escolar. Curitiba, 2008. Disponível em: <http://www.diaadiaeducacao.pr.gov.br/portals/pde/arquivos/2289-8.pdf>. Acesso em: 20 mar. 2020.

GIROUX, H. A. **Os professores como intelectuais**: rumo a uma pedagogia crítica da aprendizagem. Porto Alegre: Artes Médicas, 1997.

GREGÓRIO, E. A.; OLIVEIRA, L. G. de.; MATOS, S. A. de. Uso de simuladores como ferramenta no ensino de conceitos abstratos de biologia: uma proposição investigativa para o ensino da síntese protéica. **Experiências em ensino de ciências**, p. 101-125, 2016.

GUIMARÃES, R. S.; BARLETTE, V. E.; GUADAGNINI, P. H. A engenharia didática da construção e validação de sequências de ensino: um panorama com foco no ensino de ciências. **Polyphonia**, v. 26/1, p. 211-226, jan./jun. 2015. Disponível em: <https://www.revistas.ufg.br/sv/article/view/37991>. Acesso em: 20 mar. 2020.

GUIMARÃES, Y. A. F.; GIORDAN, M. Instrumento para a construção e validação de sequências didáticas em um curso a distância de fomação continuada de professores. **Abrepecnet**, p. 1-9, 2011.

HODSON, D. **Teaching and Learning Science**. Buckingham: Open University Press, 1998.

HUNG, W.; JONASSEN, D. H.; LIU, R. Problem-Based Learning. In: SPECTOR, J. M. et al. **Handbook of Research on Educational Communications and Technology**. Mahwah: Erlbaum, 2009. p. 485-506.

IHDE, D. **Tecnologia e o mundo da vida**: do jardim à terra. Tradução de Maurício Fernando Bozatski. Chapecó: Ed. da UFFS, 2017.

INFOENEM. **Competências e habilidades**: ciências da natureza. 15 jul. 2019. Disponível em: <https://www.infoenem.com.br/competencias-para-ciencias-da-natureza-e-suas-tecnologias/>. Acesso em: 20 mar. 2020.

KEIDANN, G. L. Utilização de mapas mentais na inclusão digital. In: EDUCOM SUL: EDUCOMUNICAÇÃO E DIREITOS HUMANOS..., 2., 2013, Ijuí. **Anais...**, Ijuí: UFSM, 2013. Disponível em: <http://coral.ufsm.br/educomsul/2013/com/gt3/7.pdf>. Acesso em: 20 mar. 2020.

KELLER, L. et al. A importância da experimentação no ensino de biologia. In: MOSTRA DE INICIAÇÃO CIENTÍFICA. Seminário Interinstitucional de Ensino, Pesquisa e Extensão da Unicruz, 16., 2011, Cruz Alta. **Anais...**, 2011, Cruz Alta.

KHUN, T. **A estrutura das revoluções científicas**. São Paulo: Cultrix, 1998.

KRASILCHIK, M. **Prática de ensino de biologia**. São Paulo: Edusp, 2005.

LAKATOS, I. **O falseamento e a metodologia dos programas de pesquisa científica**. São Paulo: Cultrix, 1979.

LEÃO, G. M. C.; RANDI, M. A. F. Existe vida além da aula expositiva? Um caso para a biologia celular. In: CONGRESSO NACIONAL DE EDUCAÇÃO, 13., 2017, Curitiba. **Anais...**, Curitiba, 2017.

LEITE, L.; AFONSO, A. S. Aprendizagem baseada na resolução de problemas: características, organização e supervisão. **Boletín das Ciencias**, p. 253-260, 2001.

LEITE, R. C. M.; FEITOSA, R. A. As contribuições de Paulo Freire para um ensino de ciências dialógico. In: ENCONTRO NACIONAL DE PESQUISA EM EDUCAÇÃO EM CIÊNCIAS, VIII, 2011, Campinas. **Trabalhos...**, 2012. Disponível em: <http://www.nutes.ufrj.br/abrapec/viiienpec/resumos/R0753-1.pdf>. Acesso em: 20 mar. 2020.

LIMA, D. B. de; GARCIA, R. N. Uma investigação sobre a importância das aulas práticas de biologia do ensino médio. **Cadernos de Aplicação**, p. 201-224, 2011.

LINS, B. de O. et al. A experimentação no ensino de biologia: o que fazem/dizem os professores em uma escola pública de Ourilândia do Norte (PA). **Educação Unisinos**, v.18, n. 1, p. 77-85, jan./abr. 2014.

LUCKESI, C. C. **Avaliação da aprendizagem escolar**. São Paulo: Cortez, 2002.

MACHADO, E. F. et al. APP Inventor: da autoria dos professores à atividades inovadoras no ensino de ciências. **Revista Brasileira de Ensino de Ciência e Tecnologia**, p. 204-219, 2019.

MACHADO, E. F. **Os estudos observacionais de Maria Sibylla Merian**: contribuições para o ensino dos insetos mediado por tecnologias da infomação e comunicação. 186 f. Dissertação (Mestrado em em Formação Científica, Educacional e Tecnológica) – Universidade Tecnológica Federal do Paraná, Curitiba, 2016.

MACHADO, E. F.; KAICK, T. S. van. A apropriação do conteúdo célula na perspectiva da metodologia da pedagogia histórico-crítica. **Cadernos PDE**, p. 1-27, 2014.

MACHADO, E. F.; MIQUELIN, A. F. **Guia de construção do insetário virtual**. 15 mar. 2016a. Disponível em: <https://insetario virtua.wixsite.com/insetario-virtual>. Acesso em: 20 mar. 2020.

MACHADO, E. F.; MIQUELIN, A. F. Sequência didática para o ensino-aprendizagem da temática do aborto no ensino fundamental. **Revista Práxis**, v. 8, n. 16, p. 95-103, dez. 2016b.

MACHADO, E. F.; MIQUELIN, A. F.; GONÇALVES, M. B. A modelagem molecular como mediadora da aprendizagem da estrutura e da função da molécula de DNA. **Revista Novas Tecnologias na Educação**, v. 15, n. 2, dez. 2017. Disponível em: <https://seer.ufrgs.br/renote/article/view/79187>. Acesso em: 20 mar. 2020.

MADEIRA, M. C. Situações em que a aula expositiva ganha eficácia. In: CONGRESSO NACIONAL DE EDUCAÇÃO, 12., 2015, Curitiba. **Anais...**, Curitiba, 2015.

MASSACHUSETTS INSTITUTE OF TECNOLOGY. **MIT App Inventor 2**. Cambridge, Ma: 2013. Software digital. Aplicativo.

MERIAN, M. S. **Metamorfose dos insetos do Suriname**. Amsterdam: Tot Amsterdam, 1705.

MIQUELIN, A. F. **Contribuições dos meios tecnológicos comunicativos para o ensino de física na escola básica**. 2.178 f. Tese (Doutorado em Educação Científica e Tecnológica). Florianópolis: 2009.

MIT MEDIA LAB. **Scratch 3.0**. Cambridge, Ma: 2019. Software digital. Aplicativo.

MOREIRA, M. A. **Teorias da aprendizagem**. São Paulo: EPU, 2011.

MORIN, E. **A cabeça bem feita**. Tradução de Eloá Jacobina. Rio de Janeiro: Bertrand do Brasil, 2003a.

MORIN, E. **A religação dos saberes**: o desafio do século XXI. 11. ed. Tradução de Flávia Nascimento. Rio de Janeiro: Bertrand do Brasil, 2013.

MORIN, E. **Ciência com consciência**. Tradução de Maria D. Alexandre e Maria Alice Sampaio Dória Rio de Janeiro: Bertrand do Brasil, 2005.

MORIN, E. **Educar na era planetária**. São Paulo: Cortez, 2003b.

MORIN, E. **Os setes saberes necessários à educação do futuro**. Tradução de Catarina Eleonora F. da Silva e Jeanne Sawaya. São Paulo: Cortez; Brasília, DF: Unesco, 2006.

NUNES, A. M. et al. Mapa mental: ferramenta facilitadora da aprendizagem no ensino de Biologia. In: CONGRESSO NACIONAL DE EDUCAÇÃO. 4., 2017, João Pessoa. **Anais...**, João Pessoa, 2017.

OLIVEIRA, D F.; ROCQUE, L. R. de la; MEIRELLES, R. M. S. de. Ciência e arte: um "entre-lugar" no ensino de biociências e saúde. In: ENCONTRO NACIONAL DE PESQUISA EM EDUCAÇÃO EM CIÊNCIAS, 7., 2009, Florianópolis. **Anais...**, Florianópolis, 2009.

OLIVEIRA, P. F. G. M. de. Objetos de aprendizagem de simulação e animação para o ensino de Biologia: uma análise quanti--qualitativa. **Revista Tecnologias na Educação**, p. 1-14, 2017.

PAIVA, V. L. M. A formação do professor para o uso da tecnologia. In: SILVA, K. A. et al. **A formação dos professores de línguas**: novos olhares. São Paulo: Pontes, 2013. p. 209-230.

PERIUS, A.; HERMEL, E. do E. S.; KUPSKE, C. As concepções de experimentação nos trabalhos apresentados nos encontros nacionais de ensino de biologia 2005-2012. In: ENCONTRO REGIONAL SUL DE ENSINO DE BIOLOGIA, 6., 2013.

PETRAGLIA, I. **Edgar Morin**: a educação e a complexidade do ser e do saber. 12. ed. Petrópolis: Vozes, 2011.

PHET – Interactive Simulations. **Biologia**. University of Colorado Boulder. Disponível em: <https://phet.colorado.edu/pt_BR/simulations/category/biology>. Acesso em: 20 mar. 2020.

PIETROCOLA, M. Curiosidade e imaginação. In: CARVALHO, A. M. P. de. **Ensino de ciências**: unindo a pesquisa e a prática. São Paulo: Pioneira Thomson Learning, 2004. p. 119-124.

PLANTSNAP INC. **PlantSnap 3.00.20**. Telluride, CO: 2020. Aplicativo para celular. Disponível em: <https://play.google.com/store/apps/details?id=info.scienceland.mitosisandmeiosis&hl=pt_BR>. Acesso em: 20 mar. 2020.

POPPER, K. R. **The Logic of Scientific Discovery**. London: Hitchison, 1968.

PRENSKY, M. **Aprendizagem baseada em jogos digitais**. São Paulo: Senac São Paulo, 2012.

RAMIRO, A. Z. et al. O potencial da rede social Facebook no apoio e mediação das aulas de biologia do 1º ano do Ensino Médio Politécnico da Escola Estadual de Educação Básica de São Leopoldo Ost. **Revista Eletrônica em Gestão, Educação e Tecnologia Ambiental**, p. 681-689, 2015.

REIS, P. Promoting Students' Collective Socio-scientific Activism: Teachers' Perspectives. In: ALSOP, S.; BENCZE, J. L. (Ed.). **Activist Science and Technology Education**. London: Springer, 2014. p. 547-574.

ROSA, C. W. da; ROSA, A. B. da. Discutindo as concepções epistemológicas a partir da metodologia utilizada no laboratório didático de Física. **Revista Iberoamericana de Educação**, n. 52, p. 1-11, 25 maio 2010.

ROSNAY, J. Conceitos e operadores transversais. In: MORIN, E. **A religação dos saberes**. Rio de Janeiro: Bertrand Brasil, 2013. p. 493-499.

SALES, M. V. S. Tecnologia e formação: práticas curriculares em experiências inovadoras no ensino superior. In: HETKOWSKI, T. M.; RAMOS, M. A. (Org.). **Tecnologias e processos inovadores na educação**. Curitiba: CRV, 2016.

SANTOS, E. F. dos. Benefícios e desafios da aprendizagem baseada em problemas: uma revisão. In: CONGRESSO NACIONAL DE EDUCAÇÃO, 3., 2016, Natal. **Anais...**, Natal, 2016.

SANTOS, H. F. O conceito da modelagem molecular. **Cadernos Temáticos de Química Nova na Escola**, n. 4, p. 4-5, 2001.

SANTOS, J. S. dos; CORTELAZZO, A. L. Os conteúdos de biologia celular no Exame Nacional do Ensino Médio – Enem. **Avaliação: Revista da Avaliação da Educação Superior**, Campinas, v. 18, n. 3, p. 591-612, 2013.

SASSERON, L. H.; CARVALHO, A. M. P. de. Alfabetização científica: uma revisão bibliográfica. **Investigações em Ensino de Ciências**, v. 16, n. 1, p. 59-77, 2011. Disponível em: <http://www.if.ufrgs.br/ienci/artigos/Artigo_ID254/v16_n1_a2011.pdf>. Acesso em: 20 mar. 2020.

SCHEID, N. M. J. Temas controversos no ensino de Ciências: apontamentos de natureza ética. **Diálogo**, Canoas, v. 19, n. 1, p. 65-79, 2011.

SIGNIFICADO de mapa conceitual. **Significados**, 15 jan. 2017. Disponível em: <https://www.significados.com.br/mapa-conceitual/>. Acesso em: 20 mar. 2020.

SILVA, A. Leonardo da Vinci, o desbravador do corpo humano. **Jornal da Unicamp**, Campinas, p. 4, 29 jul./4 ago. 2013.

SILVA, A. de A. G. O uso do Facebook no ensino de biologia. In: CONGRESSO NACIONAL DE EDUCAÇAO, 2., 2015, Campina Grande. **Anais...**, Campina Grande, 2015. Disponível em: <http://www.editorarealize.com.br/revistas/conedu/trabalhos/TRABALHO_EV045_MD4_SA18_ID5152_13082015153806.pdf>. Acesso em: 20 mar. 2020.

SILVA, L. M. da; BEZERRA, M. L. de M. B. A disciplina de biologia: identificação, reflexão e ações do PIBID. In: CONGRESSO DE INOVAÇÃO PEDAGÓGICA DE ARAPIRACA, 1., 2015, Arapiraca. **Anais...**, Arapiraca: UFAL, 2015.

SILVA, M. J. da; PEREIRA, M. V.; ARROIO, A. O papel do YouTube no ensino de ciências para estudantes do ensino médio. **Revista de Educação, Ciências e Matemática**, v. 7, n. 2, p. 35-55, maio/ago. 2017.

SNOW, C. P. **As duas culturas e uma segunda leitura**: uma versão ampliada das duas culturas e a revolução científica. São Paulo: Edusp, 1995.

SOUZA, S. C.; DOURADO, L. Aprendizagem baseada em problemas (ABP): um método de aprendizagem inovador para o ensino educativo. **Holos**, ano 31, v. 5, p. 182-200, 2015.

TAVARES, R. Construindo mapas conceituais. **Ciência & Cognição**, v. 12, p. 72-85, 2007.

TEZANI, T. C. R. Integração das tecnologias digitais no currículo escolar: considerações para repensar a prática pedagógica e o processo de ensino aprendizagem. In: BARROS, D. M. V. et al. **Educação e tecnologias**: reflexão, inovação e práticas. Edição do autor. Lisboa: [s.n.], 2011. p. 86-104.

TOREZIN, A. F.; KAICK, T. S. van. Analisando a apropriação de conhecimentos numa perspectiva interdisciplinar para a preservação da escarpa devoniana. **Experiências em Ensino de Ciências**, v. 13, n. 5, p. 326-338, 2018.

VALENTE, J. A. O uso inteligente do computador na educação. **Pátio**, ano 1, n. 1, p. 19-21, 1997.

VASCONCELOS, S. D.; SOUTO, E. O livro didático de ciências no ensino fundamental: proposta de critérios para a análise do conteúdo zoológico. **Ciência & Educação**, v. 9, n. 1, p. 93-104, 2003.

VESTMAPAMENTAL. **Mapas mentais de biologia para o vestibular**. Disponível em: < https://i1.wp.com/www.vest mapamental.com.br/wp-content/uploads/2017/06/Biologia-Gimnospermas.jpg>. Acesso em: 20 mar. 2020.

VIVEIRO, A. A.; DINIZ, R. E. da S. Atividades de campo no ensino das ciências e na educação ambiental: refletindo sobre as potencialidades desta estratégia na prática escolar. **Ciência em Tela**, v. 2, n. 1, p. 1-12, 2009.

ZANETIC, J. Física e arte: uma ponte entre duas culturas. **Pro-Posições**, v. 17, n. 1, p. 39-57, jan./abr. 2006.

ZANINI, V. R.; PORTO, F. C. da S. O planejamento e a aprendizagem a partir de saídas de campo nas disciplinas de ciências e biologia. In: ENCONTRO NACIONAL DE PESQUISA EM EDUCAÇÃO EM CIÊNCIAS, 10., 2015, Águas de Lindoia. **Anais...**, Águas de Lindoia, 2015.

BIBLIOTHECA BOTANICA

ARMSTRONG, D. L. de P.; BARBOZA, L. M. V. **Metodologia do ensino de ciências biológicas e da natureza**. Curitiba: InterSaberes, 2012.

Os autores apresentam metodologias para o ensino das ciências da natureza, enfatizando os conceitos biológicos. O livro traz uma abordagem teórica e metodológica de construção do conhecimento, aliando os recursos didáticos necessários a essa concepção construtivista.

CARVALHO, A. de; OLIVEIRA, C. de; SCARPA, D. **Ensino de ciências por investigação**: condições para implementação em sala de aula. São Paulo: Cengage Learning, 2013.

Carvalho, Oliveira e Scarpa traçam os objetivos do ensino de Ciências por investigação, bem como apresentam pesquisas na área sobre o ensino-aprendizagem dessa disciplina em abordagens investigativas. Os autores trazem exemplos de situações reais de sala de aula, possibilitando, dessa maneira, que professores ampliem suas estratégias didáticas, assim como compreendam e aproveitem, de forma efetiva, essa abordagem investigativa.

DELIZOICOV, D.; ANGOTTI, J. A.; PERNAMBUCO, M. M. **Ensino de ciências**: fundamentos e métodos. São Paulo: Cortez, 2009.

Os autores apresentam um breve histórico do ensino de Ciências no Brasil, bem como os desafios para essa prática na atualidade. Para superar desafios – como o senso comum pedagógico, a necessidade de estender a ciência para todos, a ciência e a tecnologia como cultura, o caráter de ciência, tecnologia e sociedade (CTS) no ensino, o livro didático como único instrumento de sala de aula, a elaboração dos currículos e planos de ensino –, as diversas dimensões da ciência precisam ser apresentadas aos estudantes, caracterizando a ciência como uma produção histórica e social. Além disso, nessa obra, os momentos pedagógicos são detalhados e exemplificados como uma metodologia problematizadora.

FERREIRA, M. S.; MARANDINO, M.; SELLES, S. E. **Ensino de biologia**: histórias e práticas em diferentes espaços educativos. São Paulo: Cortez, 2009.
As autoras apresentam histórias e práticas do ensino de Biologia em diferentes espaços educativos que potencializam a aprendizagem das ciências. Com textos que conduzem a reflexão da prática docente, professores em formação, inicial ou continuada, poderão fundamentar práticas educativas realizadas em diversos espaços de ensino-aprendizagem.

GODEFROID, R. S. **O ensino de biologia e o cotidiano**. Curitiba: InterSaberes, 2016. (Coleção Metodologia do Ensino de Biologia e Química).
Godefroid apresenta uma abordagem construtivista em seu livro, propondo metodologias para o trabalho com temas variados da biologia (biotecnologia, alimentos transgênicos, contaminação biológica, meio ambiente etc.) e fundamentais na formação humana, auxiliando os estudantes a refletir sobre a biologia na atualidade e o papel de cada indivíduo para com a vida em nosso planeta.

GULLICH, R. I. da C.; HERMEL, E. do E. S. **Ensino de biologia**: construindo caminhos formativos. Curitiba: Prismas, 2013.
Livro organizado com pesquisas e vivências formativas de pesquisadores em ensino de Ciências de nosso país. Discute o ensino de Biologia, a organização curricular dessa disciplina, bem como a formação inicial e continuada para a atuação docente.

KRASILCHIK, M. **Prática de ensino de biologia**. 4. ed. rev. e ampl. São Paulo: Edusp, 2008.
Krasilchik apresenta, em seu livro, um parâmetro geral do ensino de Biologia em nosso país, assim como recursos e estratégias didáticas para professores mediarem a prática pedagógica em sala de aula. Para a autora, ao concluírem a educação básica, os estudantes, além de se apropriarem dos conceitos biológicos, precisam aplicar esses conhecimentos na vida diária em um constante exercício da cidadania.

SANTORI, R. T.; SANTOS, M. G. **Ensino de ciências e biologia**: um manual para elaboração de coleções didáticas. Rio de Janeiro: Interciência, 2015.
Nesse livro, Santori e Santos (2015) apresentam sugestões para dinamizar as aulas de Biologia com recursos e estratégias diversificadas, sugerindo práticas educativas com base em coleções didáticas presentes na escola e que podem ser utilizadas na mediação dos conteúdos, desde a educação básica até os cursos de graduação em Biologia.

RESULTADOS DAS ANÁLISES

CAPÍTULO 1

Rede neural

1. a
2. c
3. b
4. a
5. b

Biologia da mente

Análise biológica

1. É preciso pontuar as ideias do comportamentalismo, do cognitivismo e das teorias humanistas e socioculturais em cada período histórico.
2. Deve-se verificar se há ou não diretrizes curriculares estaduais de cada disciplina. Um exemplo: o estado do Paraná conta com as Diretrizes Curriculares Estaduais para o Ensino de Biologia, documento estruturado com base em tendências pedagógicas socioculturais e com ênfase na metodologia da pedagogia histórico-crítica. É importante analisar documentos semelhantes em outros estados, por meio de uma análise crítica-reflexiva, sobre a estruturação do ensino de Biologia.
3. Deve-se refletir sobre as aulas de Ciências e Biologia na educação básica, bem como relacioná-las à tendência pedagógica

predominante. É interessante justificar a resposta e os benefícios e as limitações da educação científica na qualidade de estudante.
4. É possível organizar uma linha do tempo por décadas, principalmente a partir de 1950 até a atualidade. Nessa linha do tempo, deve-se citar leis destinadas ao ensino de Biologia e tendências pedagógicas.
5. Resposta pessoal na qual, em estágios de docência do ensino fundamental e médio, é preciso ler e analisar o projeto político-pedagógico e justificar a tendência pedagógica presente.

No laboratório

1. Após assistir ao filme, deve-se analisar a apropriação do conhecimento científico como transformadora da realidade social, identificando como a mera memorização não contribui para essa característica tão importante da ciência.
2. Resposta pessoal na qual se deve escrever as contribuições da pedagogia freiriana para um ensino de Biologia dialógico e problematizador.

CAPÍTULO 2

Rede neural

1. b
2. d
3. c
4. b
5. b

Biologia da mente
Análise biológica

1. Resposta pessoal na qual é preciso perceber que os autores Delizoicov, Angotti e Pernambuco (2009), professores e pesquisadores em ensino de Ciências, propõem uma forma dinâmica e contextualizada de trabalho com o conhecimento científico, fato que motiva muitos professores a inovar didaticamente utilizando esses "momentos pedagógicos".
2. Resposta pessoal na qual deve-se elencar uma experimentação em Ciências e/ou Biologia e descrever as potencialidades dessa atividade na escola básica.

No laboratório

1. Resposta pessoal na qual, após assistir ao filme indicado, é preciso organizar um planejamento conforme a metodologia dos "momentos pedagógicos".
2. Resposta pessoal na qual é preciso selecionar um conteúdo de livro didático de Biologia para elaborar um mapa mental ou conceitual. Será um momento para demonstrar também o domínio dos *softwares* de construção desses mapas.

CAPÍTULO 3
Rede neural

1. e
2. b
3. e
4. c
5. e

Biologia da mente

Análise biológica

1. Resposta pessoal na qual é preciso posicionar-se entre as práticas do "guia tradicional", de um "guia semiaberto" ou de um "guia aberto" e justificar sua opção.
2. Resposta pessoal, considerando a problemática e as etapas da metodologia ABP.

No laboratório

1. Resposta pessoal na qual se deve escolher uma atividade prática e, em vídeo ou fotos, organizar todas as suas etapas (procedimentos), bem como suas conclusões. Essa atividade é interessante para que se considerem formas de registro da atividade prática que não sejam apenas os relatórios.

CAPÍTULO 4

Rede neural

1. a
2. d
3. b
4. c
5. c

Biologia da mente

Análise biológica

1. Thomas Khun (1922-1996) foi um estudioso estadunidense formado em Física que promoveu pesquisas na área da filosofia da ciência. Para Khun, a ciência apresenta certos paradigmas que se perpetuam por determinado período, mas que não são imutáveis, visto que, quando surgem novas

questões que o paradigma não é capaz de responder – chamadas pelo autor de *anomalias* –, há a emergência de um novo paradigma. O surgimento de obstáculos no caminho daquilo que se costumava acreditar, ou o falseamento de verdades impostas, permite as mudanças necessárias para o avanço do conhecimento científico. Dessa forma, o pensamento khuniano aproxima-se do pensamento da complexidade de Edgar Morin quando este considera as inter-relações entre os conhecimentos e sua mutabilidade.

2. Resposta pessoal em que, com pesquisas nas lojas de aplicativos, deve-se encontrar aplicativos como Molecular Constructor, Molecular 3D, Mobile Molecular Modeling, entre outros. Com eles, é possível organizar uma aula de simulação de moléculas proteicas e de ácidos nucleicos para o ensino.

No laboratório

3. Resposta pessoal na qual é permitido utilizar a ilustração na problematização ou na organização dos conhecimentos para o estudo do sistema reprodutor feminino ou da embriologia.

CAPÍTULO 5

Rede neural

1. e
2. a
3. c
4. b
5. b

Biologia da mente

Análise biológica

1. O Plano Ceibal, descrito por Cobo (2016), é uma experiência uruguaia cujas potencialidades estão no acesso à tecnologia e às informações disponibilizadas pela internet. Para implementação desse projeto, o governo do país disponibilizou tanto equipamentos (*tablets*) quanto pontos de acesso público à internet para que estudantes e seus familiares não ficassem à margem do processo de alfabetização tecnológica. Entre as limitações está a necessidade de formação dos professores para a inserção das tecnologias digitais no contexto escolar.

2. Resposta pessoal na qual é preciso pesquisar e realizar a leitura de um artigo com a mediação de tecnologias em ensino de Ciências/Biologia. Com a leitura, torna-se possível elencar os prós e os contras, de acordo com o artigo de intervenção, das TDIC em sala de aula.

No laboratório

1. Para criar uma sala virtual no Edmodo basta acessar o *link* <https://www.edmodo.com/>, escolher a opção "Eu sou um professor" e realizar o cadastro. Como se trata de uma plataforma muito parecida com o Facebook e, portanto, interativa, é possível inserir textos, vídeos, *chats*, agendas e avaliações para os estudantes de um tema da Biologia.

CAPÍTULO 6

Rede neural

1. c
2. c

3. a
4. a
5. a

Biologia da mente

Análise biológica

1. Programas de Pós-Graduação em Ensino de Ciências/Biologia, em todo o Brasil, têm desenvolvido e pesquisado a eficácia de sequências didáticas de diversos temas. Basta entrar em seus repositórios para a pesquisa. Consultando o artigo "Programas de pós-graduação *stricto sensu* em ensino de ciências/ensino de química: panorama segundo sistema de avaliação Capes", de autoria de Ana Claudia Tasinaffo Alves e Irene Cristina de Mello (2016), é possível verificar quais programas estão disponíveis e quais são as sequências didáticas desenvolvidas por professores pesquisadores de sua região.

No laboratório

1. Resposta pessoal na qual se deve analisar um livro de Biologia com base nas tabelas propostas por Vasconcelos e Souto (2003). Essa prática contribui para a formação dos professores de Biologia, dando-lhes autonomia quando forem realizar a escolha de livros didáticos como profissionais da educação.

SOBRE A AUTORA

Elaine Ferreira Machado tem graduação em Ciências Biológicas (1999) pelas Faculdades Integradas Espírita (Fies) e em Pedagogia (2007) pela Universidade Federal do Paraná (UFPR); especialização em Tecnologias Educacionais pela Pontifícia Universidade Católica do Paraná (PUC-PR) e em Saúde para Professores pela UFPR; e mestrado em Ensino de Ciências pela Universidade Tecnológica Federal do Paraná (UTFPR). Atualmente, realiza os estudos do doutorado em Ensino de Ciências e Tecnologia também pela UTFPR, *Campus* Ponta Grossa. Lecionou na graduação a disciplina de Metodologia do Ensino de Ciências. É professora da educação básica do estado do Paraná das disciplinas de Ciências e Biologia há 22 anos e atua com assessoria educacional para o Grupo Uninter com produção de materiais didáticos e aulas na modalidade EaD.

Com a experiência de sala de aula, realiza pesquisas na área de ensino-aprendizagem com ênfase nas relações dialógicas e problematizadoras entre Ciência, Arte e Tecnologia e é autora de publicações em revistas sobre estudos dessas temáticas.